国家级技工教育和职业培训教材

互联网 + 职业技能系列微课版创新教材

PHP+MySQL
——Web项目实战

少 旭 徐 虹 夏显剑 编著

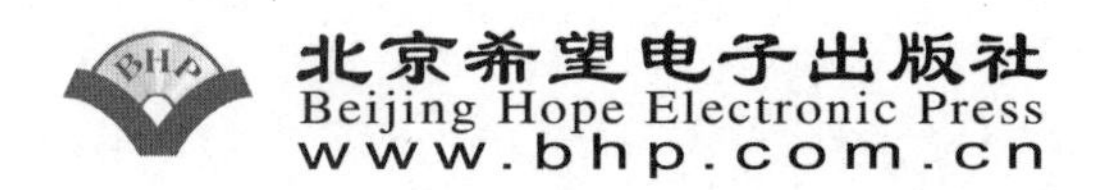

内 容 简 介

随着“互联网＋”时代的到来，职业教育和互联网技术日益融合发展。为提升职业院校培养高素质技能人才的教学能力，现推出“互联网＋职业技能系列微课版创新教材”。

本书采用知识点配套项目微课进行讲解，由浅入深地阐述了运用 PHP＋MySQL 完成 Web 项目开发的具体方法，演示了综合运用 PHP 技术构建高效、快捷的 Web 站点的过程。本书共分五个项目，主要内容包括 PHP 入门与环境搭建、在线相册、Web 考试系统、信息资料管理和校园新闻。

本书可作为技工院校、职业学校及各类社会培训机构的教材，也可作为具有一定开发经验、具备一定 HTML 及 Web 开发基础的程序员提升开发技能的参考用书。

为帮助读者更好地学习，本书提供配套微课视频，读者可通过扫描封底和正文中的二维码获取相关文件。

本书入选人力资源和社会保障部国家级技工教育和职业培训教材目录。

图书在版编目（CIP）数据

PHP＋MySQL：Web项目实战/沙旭，徐虹,夏显剑编著 . --北京：北京希望电子出版社, 2020.4

互联网+职业技能系列微课版创新教材

ISBN 978-7-83002-746-9

I. ①P… II. ①沙… ②徐… ③夏… III. ①PHP 语言－程序设计－教材②SQL 语言－程序设计－教材 Ⅳ. ①TP312.8②TP311.132.3

中国版本图书馆 CIP 数据核字（2020）第 048104 号

出版：北京希望电子出版社

地址：北京市海淀区中关村大街 22 号

中科大厦 A 座 10 层

邮编：100190

网址：www.bhp.com.cn

电话：010-82626227

传真：010-62543892

经销：各地新华书店

封面：汉字风

编辑：李小楠

校对：付寒冰

开本：787mm×1092mm 1/16

印张：15.5

字数：354 千字

印刷：北京市密东印刷有限公司

版次：2024 年 1 月 1 版 5 次印刷

定价：43.00 元

编　委　会

CONTENTS 前言

PHP是目前全球较为普及、应用较为广泛的Web应用程序开发语言之一。它易学易用，很受广大程序员的青睐和认同。很多院校计算机专业和IT培训学校都将PHP作为教学内容之一，这对于培养学生的计算机应用能力具有非常重要的意义。

本书由浅入深地讲解了如何运用PHP＋MySQL完成Web项目开发，演示了如何综合运用PHP技术构建高效、快捷的Web站点。本书主要特点如下。

- 适合市场需求，突出重点，强调实用，使知识点的讲解更加系统、全面。
- 将基础语法融入项目实例，使知识点的讲解与实践过程相辅相成，既可以使读者巩固所学知识，又可以引导读者进行实战。
- 在通过本书学习基本语法的同时，读者还可以将各知识点灵活运用到具体的项目中，以更好地理解Web开发过程，并进一步提高实战能力。
- 提供配套的微课视频数字资源，既适合于课堂教学，又适合于自学参考，满足“互联网＋职业技能系列微课版创新教材”的需求。

本书可作为大中专院校、职业学校及各类社会培训机构的教材，也可作为具有一定开发经验、具备一定HTML及Web开发基础的程序员提升开发技能的参考用书。

由于水平有限，书中难免有错误与疏漏之处，恳请广大读者批评指正。

编　者

CONTENTS 目录

项目1 PHP入门与环境搭建

项目2 在线相册

项目3 Web考试系统

项目4 信息资料管理

项目5 校园新闻

项 目

1

PHP入门与环境搭建

学习目标

- 熟悉PHP语言的特点，理解PHP的工作流程。
- 掌握PHP开发环境的搭建，学会服务器的基本配置。

技能要点

- PHP概述。
- PHP程序的工作流程。
- PHP开发环境的搭建。
- 常用代码编辑工具。

1.1 项目描述

PHP是一种服务器端、跨平台、面向对象、HTML嵌入式的脚本语言。本项目将简单介绍PHP语言、PHP的工作流程、PHP开发环境的搭建等，主要目的是让读者对PHP语言有一个整体了解，然后循序渐进地学习，最终达到完全掌握并精通PHP语言的目的。

1.2 涉及知识

PHP是一种HTML内嵌式语言，一种在服务器端执行的嵌入HTML文档的脚本语言，语言风格类似于C语言，现在被很多网站编程人员广泛运用。PHP的独特语法混合了C、Java、Perl及PHP自创新的语法，可以比CGI或者Perl更快速地执行动态网页。与其他编程语言相比，使用PHP制作的动态页面是将程序嵌入到HTML文档中去执行，执行效率比完全生成HTML标记的CGI高许多。与同样是嵌入HTML文档的脚本语言JavaScript相比，PHP在服务器端执行，充分利用了服务器的性能。PHP执行引擎还可以将用户经常访问的PHP程序驻留在内存中，其他用户再一次访问这个程序时不需要重新编译程序，直接执行内存中的代码就可以了，这也是PHP高效率的原因之一。PHP非常强大，可以实现所有CGI或者JavaScript的功能，而且支持几乎所有流行的数据库及操作系统。

1.2.1 Web开发

Web开发是一个表示网页或网站编写过程的广义术语。网页使用HTML、CSS和JavaScript编写。这些页面可以是类似于文档的简单文本和图形，也可以是交互式的或显示变化的信息。交互式服务器页面的编写略微复杂一些，但可以实现更丰富的网站效果。如今的大多数页面都是交互式的，并提供了购物车、动态可视化甚至复杂的社交网络等现代在线服务。

通俗地说，Web开发就是通常所说的制作网站。它分为网页部分和逻辑部分，也就是前台和后台。前台负责与用户的交互、数据显示（前台页面利用HTML作为载体来显示数据，使用CSS控制样式，编写JavaScript脚本实现复杂交互）；后台负责编写处理这些逻辑的程序。Web开发可以使用PHP、C#、Python、Java等语言。

1.2.2 PHP概述

PHP（Hypertext Preprocessor，超文本预处理器，追溯到最初，应该被称为“Personal Home Page”，即个人主页）是一种脚本语言，从本质上说，也就是解释型语言，不需要编译，但需要有相应的脚本引擎来解释执行。

PHP是一种运行于后端服务器的脚本语言，开源且免费，可镶嵌于HTML页面中解析共存，动态创建输出内容，是构建网页最为省时、简单的解析性脚本语言。自7.0版本发布后，PHP的应用变得更加广泛。

1.2.3 PHP的版本

1995年初，PHP 1.0诞生，Rasmus Lerdof发明了PHP，这是一套简单的Perl脚本，用于跟踪访问者的信息。这个时候的PHP只是一个小工具，被称为“Personal Home Page Tool”（个人主页小工具）。

1995年6月，PHP 2.0诞生，Rasmus Lerdof用C语言重新开发这个工具，取代了最初的Perl程序。这个用C语言编写的新工具的最大特色就是可以访问数据库，可以让用户简单地开发动态Web程序。这个用C语言编写的工具又被称为“PHP/FI”，它已经具有了今天的PHP的一些基本功能。自1995年6月Rasmus Lerdof发布PHP/FI源代码之后，到1997年，全世界大约有几千个用户和大约50 000个域名的安装。

1998年6月，PHP 3.0诞生，在正式发布之前，PHP 3.0已经过9个月的公开测试。Andi Gutmans和Zeev Suraski加入了PHP开发项目组。这是两位以色列工程师，他们在使用PHP/FI时发现了PHP的一些缺点，然后决定重写PHP的解析器。注意，在这时，PHP就不再被称为“Personal Home Page”了，而是被改称为“PHP：Hypertext Preprocessor”。PHP 3.0是最像现在使用的PHP的第一个版本，这个重写的解释器也是后来Zend的雏形。PHP 3.0最强大的功能是它的可扩展性。它在提供给第三方开发者数据库、协议和API的基础结构之外，还吸引了大量的开发人员加入并提交新的模块。

2000年5月22日，在正式宣布开发新版本之后大约过了18个月，PHP 4.0发布了。许多人认为PHP 4.0的发布是这种语言在企业级开发环境下的正式亮相，这一观点也由于PHP的迅速普及得到了佐证。仅仅在发布后的几个月内，Netcraft（http://www.netcraft.com/）就有约360万个以上的站点安装了PHP。

PHP 5.0是PHP语言发展历程中的另一分水岭。前面的几个主要版本已经增加了许多库，PHP 5.0则在功能上又进行了许多改进，并且增加了成熟的编程语言架构才具有的一些特性。

之后的PHP 6.0具有以下一些特性。

（1）增加了本地的Unicode支持，使构建和维护多语言应用程序变得更加容易。

（2）已经进行了大量有关安全性的改进，基于这些改进，可以显著遏制安全相关问题的泛滥。这些问题其实不能归咎于语言，而应归咎于只会东拼西凑的没有经验的程序员。

（3）增加了许多新的语法特征，其中最突出的就是64位整数类型、经过“改造”的用于多维数组的foreach循环构造，以及对于标签的break的支持。

目前的PHP 7.0具有以下一些特性。

（1）抽象语法树。之前的PHP版本、PHP代码在语法解析阶段直接生成zendvm指令，也就是在zend_language_parser.y中直接生成opline指令，使编译器和执行器耦合在一起。PHP 7.0是先生成抽象语法树，然后将抽象语法树编译成ZendVM指令，使PHP的编译和执行隔离开。

（2）Native TLS。PHP 7.0使用Native TLS（线程局部存储）保存线程的资源池，也就是通过_ _thread保存一个全局变量，这样该变量就是线程共享的了，不同线程的修改不会相互影响。

（3）指定函数参数、返回值类型。

此外，PHP 7.0还具有以下一些新增特性。

1. zval 结构体的变化

```
struct_zval_struct{}
typedef union_zvalue_value{}
```

PHP 7.0将计数器 refcount__gc 放到了内存对象zval中。

2. 异常处理

PHP 5.0中直接抛出一些fatal error的错误，PHP 7.0改为异常抛出，继承throwable可以得到。

3. hashtable 的变化

hashtable即哈希表，也被称为“散列表”，是PHP数组的内部实现结构，也是PHP内核中使用很频繁的一个结构。函数符号表、类符号表、常量符号表都是通过hashtable实现的。PHP 7.0的hashtable从72byte减小到32byte，数组元素bucket结构也从72byte减小到32byte。

4. 执行器

execute_data、opline采用寄存器变量存储，执行器的调度函数为execute_ex。这个函数负责执行PHP代码编译生成的zendVM指令，在执行期间会频繁地调用execute_data、opline两个变量。在PHP 5.0中，这两个变量是通过参数传递给各指令handler的；在PHP 7.0中，使用寄存器存储，避免了参数出栈、入栈的操作，同时寄存器相对于内存的访问更快，这一优化使PHP的性能提升了5%。

5. 新的参数解析方式

在保留原参数解析方式zend_parse_parameters( )的同时，PHP 7.0提供了另外一种高效的参数解析方式。

1.2.4 PHP的工作流程

PHP是运行于服务器端的脚本语言，实现了数据库与网页之间的数据交互。一个完整的PHP网站系统由以下几部分组成。

- 操作系统：网站运行服务器所使用的操作系统。PHP具有良好的跨平台性，不要求操作系统的特定性，支持Windows和Linux等操作系统。
- Web服务器：当在一台计算机中安装操作系统后，还需要安装Web服务器才能进行HTTP访问。常见的Web服务器软件有Apache、Nginx、IIS等，它们都具有跨平台的特性。
- 数据库系统：实现系统中数据的存储，用于网站数据的存储和管理。PHP支持多种数据库，包括MySQL、SQL Server、Oracle及DB2等。
- PHP包：实现对PHP脚本文件的解析、访问数据库等，是运行PHP代码所必须的软件。

- 浏览器：浏览网页。PHP在发送给浏览器的时候已经被解析器解析成其他代码了（PHP脚本是在服务器端运行的），因此，通过浏览器看到的是经过PHP处理后的HTML结果。

图1-1完整展示了用户通过浏览器访问PHP网站系统的全过程。通过图例演示，可以更直观地了解PHP的工作流程。

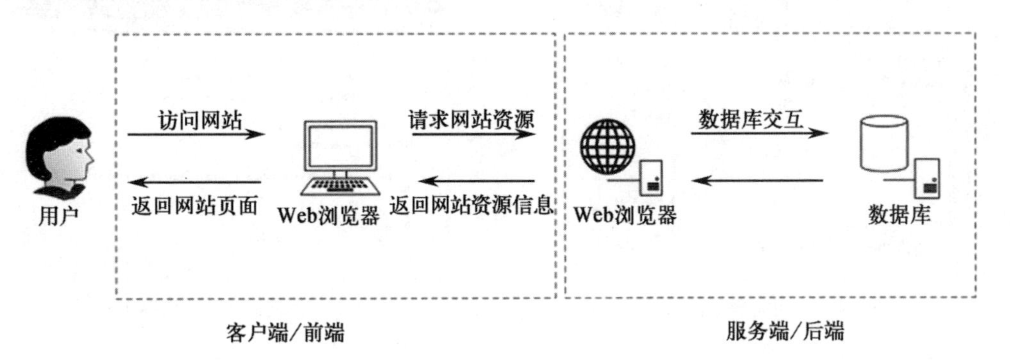

图1-1　PHP的工作流程

1.3 任务实现

1.3.1 搭建PHP开发环境

刚开始接触PHP时，搭建PHP开发环境较为复杂，需要单独安装和配置Apache、PHP及MySQL。在Windows系统下开发，可以选择 phpStudy、WAMP（Windows + Apache + MySQL + PHP）、AppServ等集成安装环境，一次性安装，无需配置即可使用，非常方便、实用。

1. 安装 phpStudy

步骤01　要安装 phpStudy，首先从官方网站（https://www.xp.cn/）下载安装程序，下面以Windows 10（64位）系统、phpStudy 2018（可直接访问http://phpStudy.php.cn/phpStudy/phpStudy20180211.zip）为例，讲解phpStudy的安装步骤。

步骤02　phpStudy安装文件的压缩包下载完毕，对该压缩包进行解压缩，然后双击phpStudy2018.exe 安装文件，弹出如图1-2所示的对话框，将默认安装路径“C:\ phpStudy”修改为“D:\phpStudy”，单击“是”按钮，解压进度如图1-3所示。

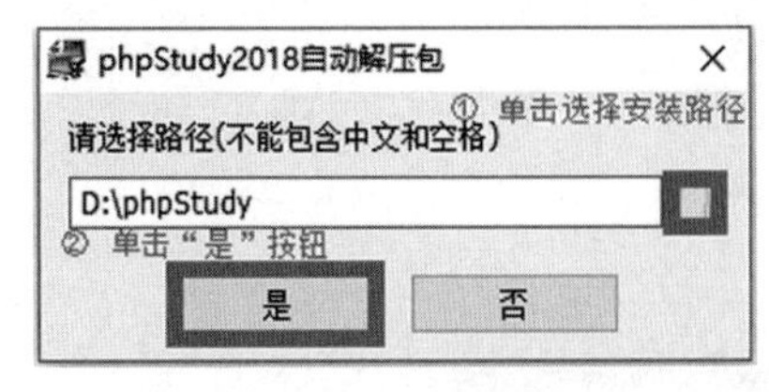

图1-2　解压对话框

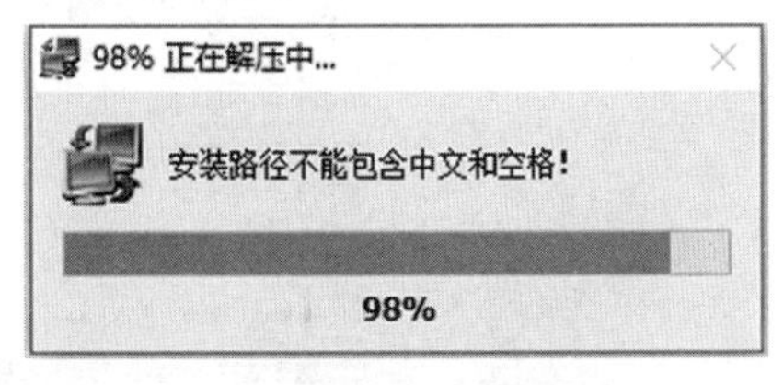

图1-3　解压进度

步骤03　解压完成，进入phpStudy的启动界面，启动完成后的效果如图1-4所示。单击启动界面中的“启动”按钮，如有防火墙开启，在Apache服务和MySQL服务启动中会提示是否信任Apache HTTP Server、mysqld运行，如图1-5、图1-6所示，勾选“专用网络，例如家庭或工作网络”复选框，并单击“允许访问”按钮，成功之后，即完成了 phpStudy的安装操作，启动完成界面如图1-7所示，在任务栏的托盘中增加了 phpStudy图标和桌面快捷方式。

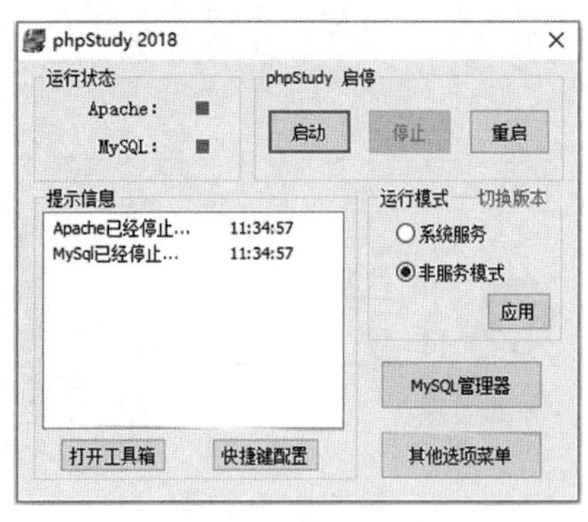

图1-4 启动完成后的效果

图1-5 Apache网络安全提示框

图1-6 MySQL主程序安全提示框

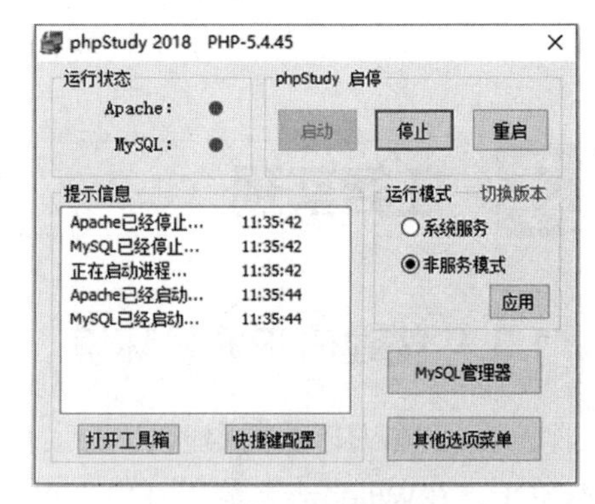

图1-7 启动完成界面

步骤04 打开浏览器，在地址栏中输入“http://localhost/l.php”或者“http://127.0.0.1/l.php”，然后按Enter键，如果运行出现如图1-8所示的页面，说明phpStudy安装成功。

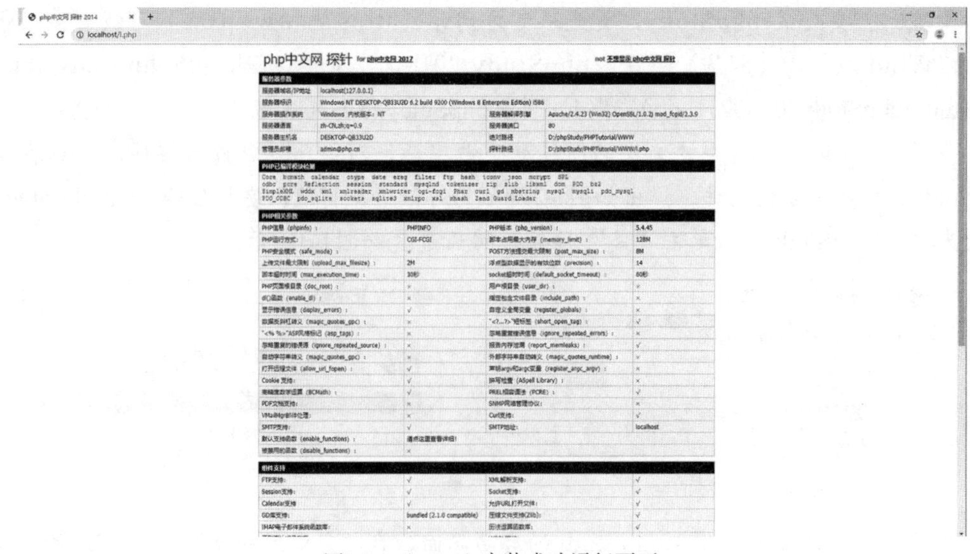

图1-8 phpStudy安装成功运行页面

步骤05　由于phpStudy默认是使用PHP 5.4.45版本，如果需要修改，则单击“切换版本”，选择自己想用的版本即可，如图1-9、图1-10所示。

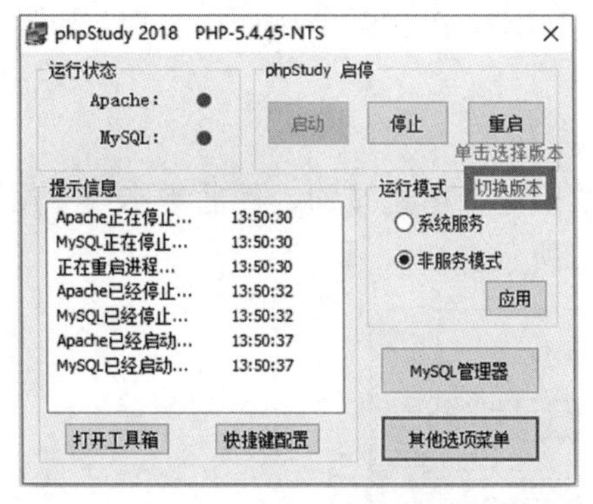

图1-9　单击“切换版本”

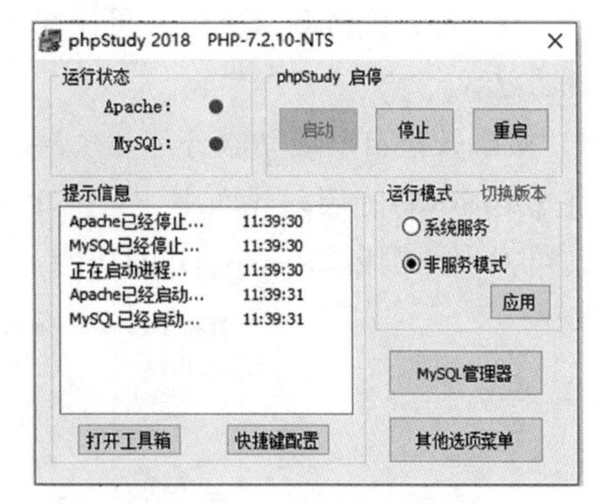

图1-10　切换版本后的界面

注意　如果提示“没有安装VC9运行库”，则需要到微软官方网站下载。PHP 5.5、PHP 5.6是用VC11编译的，使用时必须安装VC11运行库；PHP 7.0、PHP 7.1是用VC14编译的，使用时必须安装VC14运行库。

phpStudy启动失败时的解决方法如下。

（1）失败原因：防火墙拦截。

为减少出错，安装路径不得有汉字。如果有防火墙开启，会提示是否信任Apache HTTP Server、mysqld运行，请全部选择允许。

（2）失败原因：80端口已经被其他程序占用，如IIS等程序。

由于端口问题无法启动时，请在phpStudy界面中执行“其他选项菜单”→“环境端口检测”→“环境端口检测”→“检测端口”→“尝试强制关闭相关进程并启动”操作，如图1-11所示。

注意　如果强制关闭相关进程并在启动后仍无法启动phpStudy，请检测端口被哪一个进程所占用，然后手动关闭该进程。

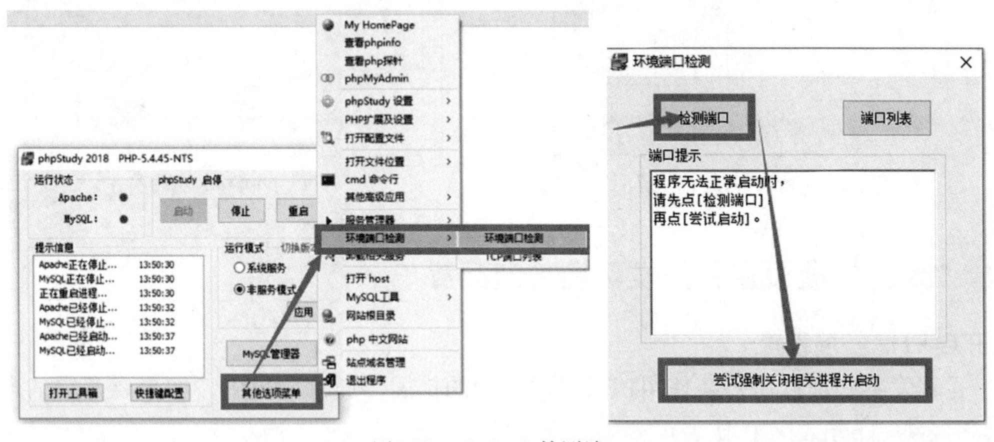

图1-11　phpStudy检测端口

2. 启动与停止 PHP 服务器

PHP服务器主要包括Apache服务器和MySQL服务器。重新启动计算机后，在默认状态下，Apache服务和MySQL服务是停止的。下面介绍在 phpStudy中启动与停止这两种服务器的方法。

1）实现开机自动启动服务

在 phpStudy的启动界面中，只需单击“系统服务”单选按钮，然后单击“应用”按钮，即可实现开机自动启动服务的功能，如图1-12所示。

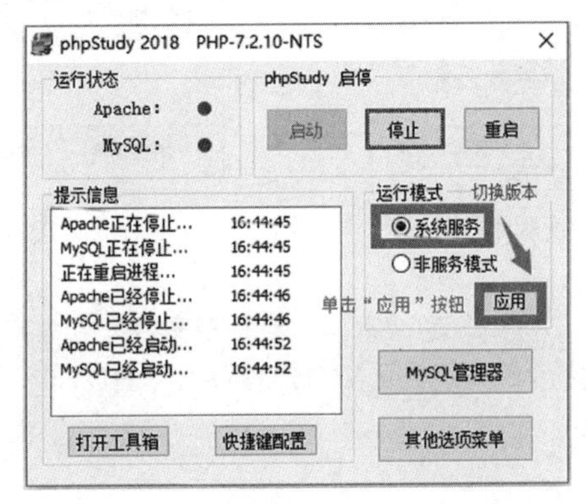

图1-12 开机自动启动服务设置

2）启动和停止服务器

双击 phpStudy快捷方式图标，打开 phpStudy，打开后的界面如图1-13所示，单击“启动”按钮即可同时启动Apache服务和MySQL服务，启动后的结果如图1-14所示。如果想要停止Apache服务和MySQL服务，只需要单击图1-14中的“停止”按钮即可。另外，单击图1-14中的“重启”按钮，即可重启Apache和MySQL两种服务。

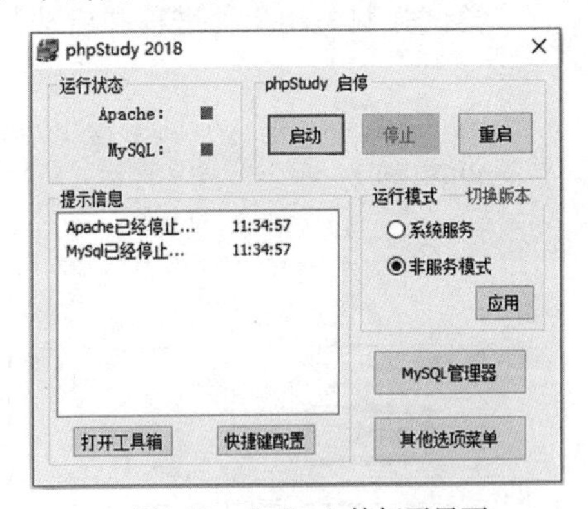

图1-13 phpStudy的打开界面

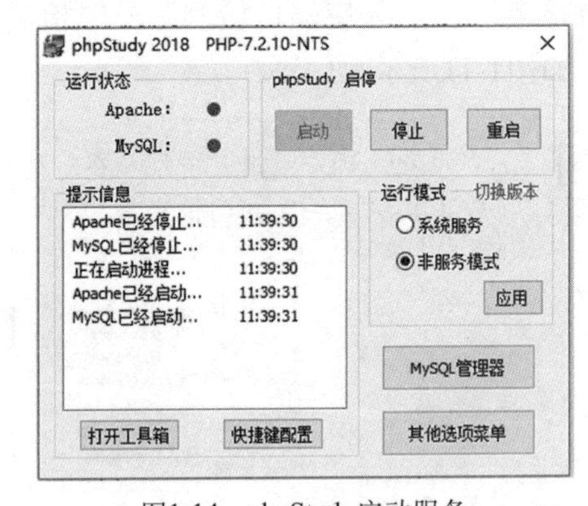

图1-14 phpStudy启动服务

1.3.2 扩展设置和开发环境关键配置

1. 开启 PHP 扩展设置

在开发某些项目时，会使用PHP扩展库中的扩展。通常情况下，如果要开启某个扩展，需要打开php.ini文件或者可视化设置。具体方法如下。

（1）修改php.ini文件：用记事本或者其他编辑器打开php.ini文件（X:\phpStudy\

PHPTutorial\php\php-A\php.ini，其中“X”为自选安装盘符，“A”为自选当前PHP版本），找到需要打开的扩展，将其前面的“;”去掉，保存文件并重启Apache，即可打开该扩展，如图1-15所示。

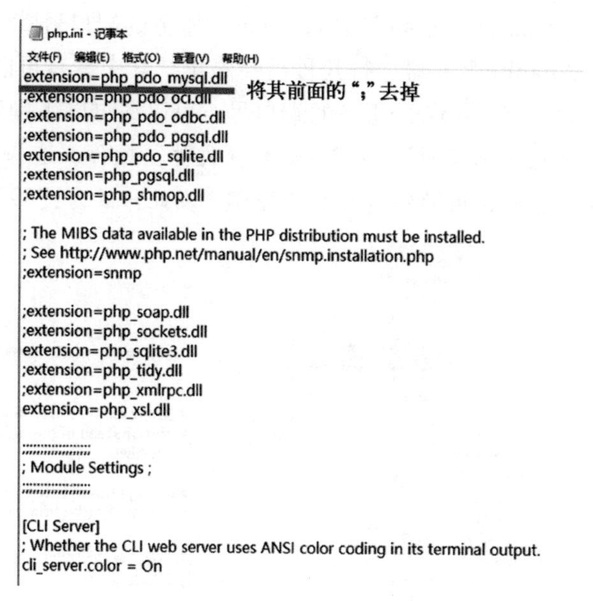

图1-15　打开扩展

（2）使用phpStudy可视化开启扩展：操作过程变得非常简单，只需执行“其他选项菜单”→“PHP扩展及设置”→“PHP扩展”操作，然后选择相应的扩展即可，如图1-16所示。

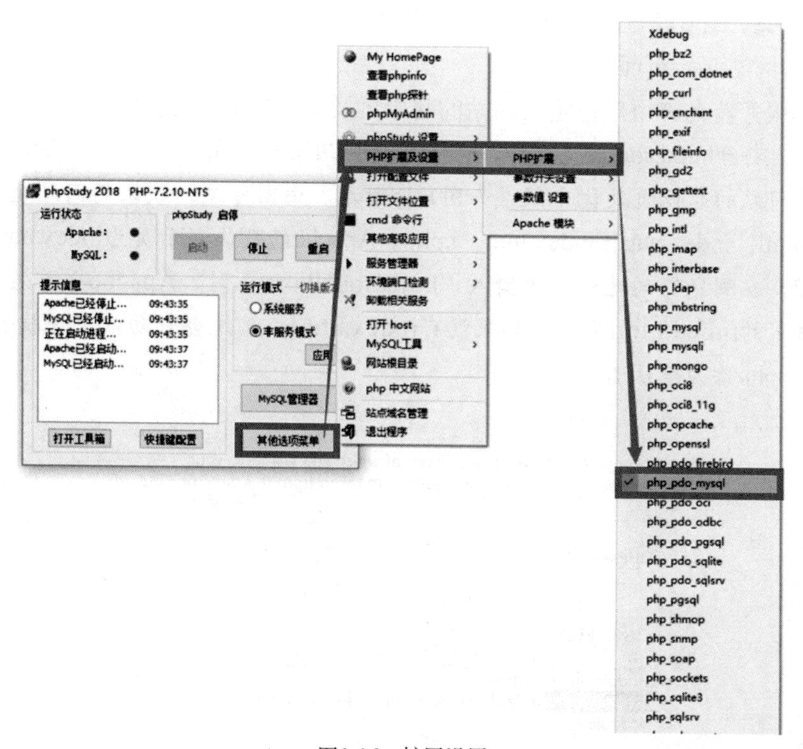

图1-16　扩展设置

2. PHP 开发环境关键配置

1）修改Apache服务端口号

phpStudy是一个PHP调试环境的程序集成包。它集成了最新的Apache＋PHP＋MySQL＋phpMyAdmin＋zendOptimizer。安装成功后，Apache服务的端口号默认为80。有的初学者会遇到这样的问题，Apache服务器运行几秒后会停止，其中最有可能的原因是默认的80端口号被占用。此时需要修改Apache服务的端口号，可以通过以下操作完成。

步骤01　执行“其他选项菜单”→“打开配置文件”操作，选择“httpd.conf”，默认是80，将其修改成没有被占用的任意端口号即可，在此修改为“89”，如图1-17所示。

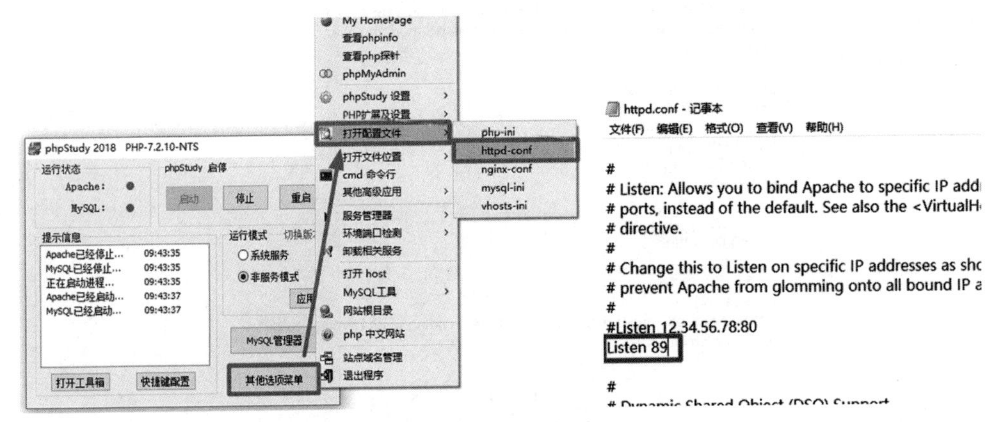

图1-17　修改端口

步骤02　保存httpd.conf配置文件，重新启动Apache服务器，使新的配置生效。以后访问Apache服务时，需要在浏览器的地址栏中加上Apache服务的端口号（如http://localhost:89/。若端口号没有修改，则直接访问http://localhost/。本书讲解都基于没改端口号）。

2）设置网站起始页面

Apache服务器允许用户自定义网站的起始页及其优先级，方法如下。

步骤01　打开httpd.conf配置文件，查找关键字“DirectoryIndex”，在“DirectoryIndex”的后面就是网站的起始页及优先级，如图1-18所示。由图可见，默认的网站起始页及优先级为index.html、index.php、index.htm、l.php。Apache的默认显示页为index.html。

步骤02　在浏览器的地址栏中输入“http://localhost/”时，Apache会首先查找访问服务器主目录下的index.html文件。如果没有index.html，系统会自动依次查找index.php、index.htm、l.php作为默认首页。

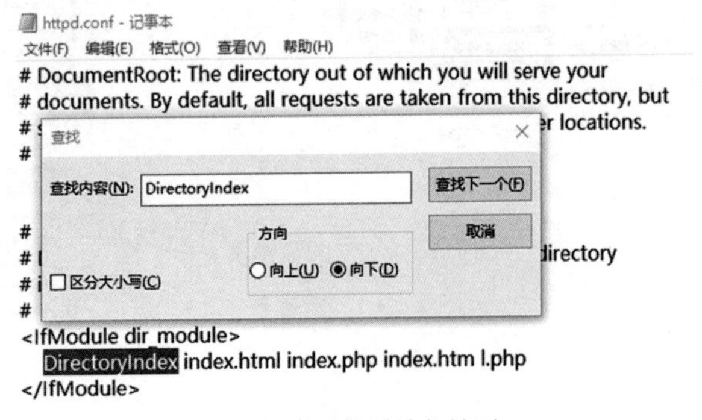

图1-18　设置网站起始页

3）设置Apache服务器主目录

默认情况下，浏览器访问的是“X:\phpStudy\PHPTutorial\WWW”目录下的文件，WWW目录被称为“Apache服务器的主目录”。用户也可以自定义Apache服务器的主目录，方法如下。

步骤01　打开httpd.conf配置文件，查找关键字“DocumentRoot”，如图1-19所示。

步骤02　修改httpd.conf配置文件。例如，设置目录“D:\WWW”为Apache服务器的主目录，如图1-20所示。

步骤03　保存修改的配置文件“httpd.conf”后，必须重启Apache，配置文件才生效。在浏览器的访问地址栏中输入“http://localhost/l.php”，访问的就是Apache服务器主目录“D:\WWW”下的l.php文件。

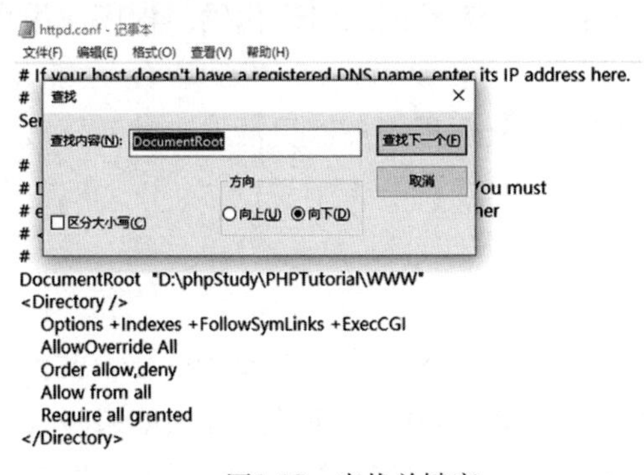

图1-19　查找关键字

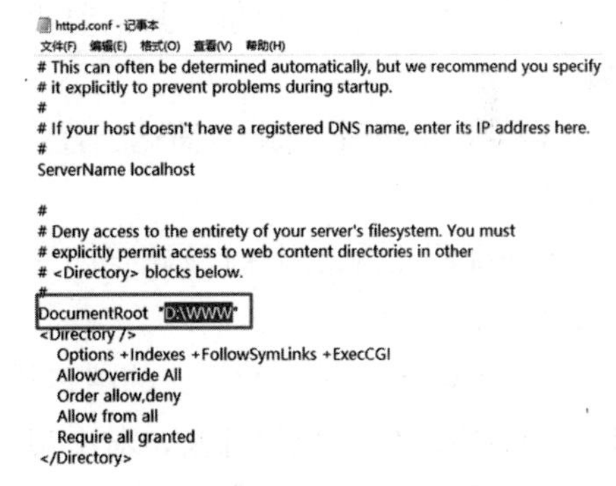

图1-20　修改Apache服务器的主目录

4）PHP的其他常用配置

（1）语言的相关配置。

- engine：设置PHP引擎是否可用，默认值为On。若将其设置为Off，则无法使用PHP。

  配置示例：

```
engine = On
```

- short_open_tag：是否允许PHP脚本使用短开放标记，将“<?php ?>”改为“<? ?>”。但这个语法与XML相同，在某些情况下可能会导致问题，因此，一般建议关闭该项。

  配置示例：

```
short_open_tag = Off
```

- asp_tags：是否支持ASP风格的脚本定界，即“<% %>”。

  配置示例：

```
asp_tags = On
```

（2）错误信息的相关配置。

- log_errors：PHP错误报告日志功能的开关。

  配置示例：

```
log_errors = On        //打开PHP错误报告的日志功能
```

- error_log：PHP错误报告日志文件的路径。
  配置示例：

```
error_log = "D:\php_errors.log"
```

1.3.3 常用代码编辑工具

（1）强有力的开发环境，可以提高生产力：通过完全的PHP支持、编码分析器、编码组合功能、语法检索、项目管理器、编码编辑器、绘图调试器（向导）。

（2）超强的智能编码：具备新的和更优秀的分析和优化工具，就像PHP编码检测器。

（3）PHP的标准记录工具，PHP文档记录器：非常容易记录PHP代码、程序应用和方案。

（4）FTP和SFTP组合简化配置：使开发者安全地从远程服务器灵活地上载和下载项目文件。

下面介绍几款常用的代码编辑工具。

1. Dreamweaver

Dreamweaver是一款专业的网站开发编辑器。从MX版本开始，Dreamweaver就支持PHP＋MySQL的可视化开发，对于初学者而言，确实是比较好的选择。因为如果是一般性开发，几乎是可以不用一行代码也可以写出一个程序，而且都是所见即所得，所包含的特征包括语法加亮、函数补全、形参提示等。不过Dreamweaver生成的代码比较复杂，安全性一般，在手写方面的方便度也一般，在调试环境方面的表现不尽如人意，不太适合比较复杂的编程，但对于初学者是再好不过了。

下载地址：http://www.adobe.com/

注意

本书所介绍的网页和实例都是使用Dreamweaver CS6编辑的。

2. Zend Studio

这是Zend Technologies开发的PHP语言集成开发环境（Integrated Development Environment，IDE)，也支持HTML和js标签，但只对PHP语言提供调试支持。因为是同一家公司的产品，所以提供的Zend Framework方面的支持比其他软件好。

下载地址：http://www.zendstudio.net/zend-studio-all-in-one-download/

3. Eclipse

Eclipse是一款支持各种应用程序开发工具的编辑器，为程序设计员提供了许多强大的功能，以一种友好的集成开发环境，为各种类型的用户提供了一系列针对Web开发的可用工具。它包括适用于各种语言、向导和内置应用程序以简化开发的源代码和图形编辑器，PHPEclipse是Eclipse的一个插件，提供了包括PHP语法分析、运行、调试等功能的集成开发环境。它基于Eclipse的插件机制，即插即用，配置和使用都非常方便。

下载地址：http://www.eclipse.org

4. PhpStorm

PhpStorm是一款由JetBrains公司推出的商业PHP集成开发工具，被誉为最好用的PHP IDE。它是一种轻量级且便捷的PHP IDE，旨在提高用户效率，可深刻理解用户的编码，提供智能代码补全、快速导航，以及即时错误检查。

下载地址：

https://intellij-support.jetbrains.com/hc/en-us/community/topics/200367219-PhpStorm

完成前面内容的学习，下面动手实践一下：搭建环境测试成功后，如果将根目录的路径名称改为中文，会是怎样的结果？

项目

2

在线相册

学习目标

- 了解PHP的语法基础、标记、变量及常量，熟悉PHP语言的特点。
- 掌握PHP的数据类型，熟悉PHP的运算符及优先级的运用。
- PHP程序应遵循的编码规范。
- PHP的数据输出。

技能要点

- PHP的标记及注释。
- PHP的数据类型。
- PHP的编码规范。

2.1 项目描述

随着生活水平的逐步提高，旅游摄影成为人们必不可少的放松项目。虽然照片最后会存入计算机里，但是时间一长，照片一多，这些可以勾起回忆的“资料”就会显得杂乱无章，既不方便欣赏，也不方便管理。在线相册具有欣赏和传播方便、界面美观等特点，可以很好地管理存入的照片，不失为欣赏、保存照片的最佳相册工具。在线相册系统平台因此应运而生，实现效果如图2-1所示。

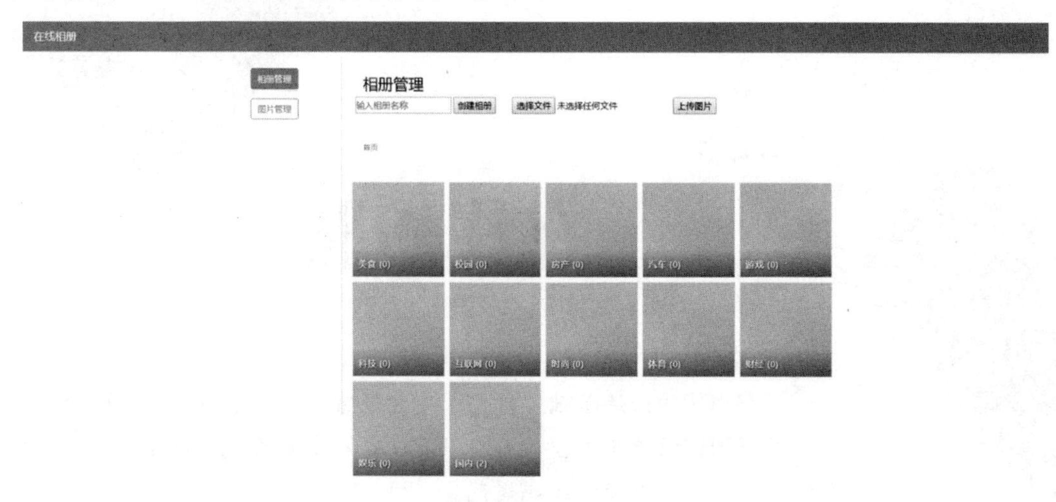

图2-1　在线相册

利用PHP可将通过表单输入的相册名称创建并显示在页面中，在QQ空间或其他类似空间中也有这样的功能。从图2-1可以看出，实现这个在线相册，首先要清楚项目最终要呈现的效果，并用DIV＋CSS实现最终页面的静态页面效果。在操作时需要注意以下几点。

（1）将最终页面的静态页面效果事先制作完成。

（2）利用何种方式提交表单。

（3）利用PHP怎么获取表单值。

2.2 涉及知识

2.2.1 PHP需要标记符

PHP需要标记符吗？带着这样的问题，正式踏上PHP的旅途。答案是肯定的，PHP需要标记符。由于PHP是嵌入式脚本语言，PHP标记符能够让Web服务器识别PHP代码的开始和结束，开始和结束标记之间的所有文本都会被解释为PHP代码。PHP提供了4种标记风格。如果要使用简短风格或者ASP风格（由于和ASP、JSP中的标记冲突，不推荐使用），就要在php.ini文件中将 `Short_open_tag=OFF` 或 `Asp_tags=OFF` 代码段中的

"OFF"改为"ON"，然后保存php.ini文件并重启Apache服务。

1. XML 标记风格（标准标记，推荐使用）

```
<?php
   echo "这是XML标记的风格,标准风格";
?>
```

此标记是本书使用的标记风格。在实际开发中推荐开始标记顶格写。如果一个文件是纯PHP代码，可以不写结束标记。

2. 脚本标记风格

```
<script language="php">
   echo '这是脚本风格的标记';
</script>
```

3. 简短标记风格

```
<?echo '这是简短风格的标记';?>
```

4. ASP 标记风格

```
<%
   echo '这是ASP风格的标记';
%>
```

2.2.2 PHP的注释及应用

在网站的开发过程中，为了便于阅读代码、后期维护，以及编写某行代码或功能模块，最好在代码的尾部或者上方添加注释以进行解释、说明，例如说明代码或函数的用途、时间、作者等。在执行程序时，注释部分会被解释器忽略，不会影响程序的执行。

PHP支持如下3种风格的程序注释。

1. 单行注释（//）

后方注释如下。

```
<?php
   echo 'php旅程'; //这是单行注释（标记后的内容不会被输出）
?>
```

上方注释如下。

```
<?php
   require'inc/init.php';
    //判断相册是否存在
    if ($id && !$data) {
  exit('相册不存在! ');
    }
?>
```

2. 多行注释（/*…*/）

块注释如下。

```
<?php
     /* 这是
        多行的
   注释 */
   echo '只有这个会显示';
?>
```

函数注释如下。

```
/**
 * 保存错误信息
 * @param string $str 错误信息
 * @return string 错误信息
 */
function errors($str = null)
{
    static $errors = null;
    return $str ? ($errors = $str) : $errors;
}
```

注意

多行注释不能嵌套。注释中不能出现“?>”，否则解释器会认为PHP脚本结束了。

3. Shell 风格注释（#）

```
<?php
    echo '这是shell风格的注释';  #这句内容看不到
?>
```

2.2.3 PHP语句和语句块

PHP程序由一条或多条PHP语句构成，每条语句都以英文分号“;”结束。在书写PHP代码时，一般一条PHP语句占用一行；如果多条PHP语句之间存在某种联系，例如条件判断、循环语句、函数等，可以使用“{”和“}”将这些PHP语句包含起来形成一个语句块，语句块一般不会单独使用。

```
<?php
function errors($str = null)
{
```

```
    static $errors = null;
    return $str ? ($errors = $str) : $errors;
}
?>
```

2.2.4 标识符与关键字

在开发过程中，经常需要在程序中定义变量名、函数名、类名、方法名等一些标记名称，这些标记名称就是所谓的标识符。在PHP中，定义标识符要遵循一定的规则，具体规则如下。

（1）标识符可以由一个或多个字符组成，必须以字母或下划线开头。此外，标识符只能由字母、数字、下划线字符，以及127～255的其他ASCII字符组成。

（2）标识符区分大、小写，函数例外。因此，变量$name不同于变量$Name、$nAME或$NAme。

（3）标识符可以是任意长度，这样程序中就能通过标识符名准确地描述其用途。

（4）标识符名不能与任何PHP预定义的关键字相同。

在开发过程中还会运用关键字。这些词语在 PHP 中被事先定义好并具有特殊的意义。它们有些像是函数，有些像是常量……但它们不是，它们只是语言结构的一部分，不能使用它们其中的任何一个作为常量、方法名或是类名。虽然可以将它们作为变量名使用，但这样容易导致混淆，因此不建议使用。这些词语也被称为“保留字”。关键字如表2-1所示。

注意

从PHP 7.0.0开始，这些关键字允许被用作类的属性、常量及类的方法名，或者接口名和traints名，除了class不能被用作常量名。

表2-1 关键字

__halt_compiler()	abstract	and	array()	as
break	callable (as of PHP 5.4)	case	catch	class
clone	const	continue	declare	default
die()	do	echo	else	elseif
empty()	enddeclare	endfor	endforeach	endif
endswitch	endwhile	eval()	exit()	extends
final	finally（从PHP 5.5开始）	for	foreach	function
global	goto（从PHP 5.3开始）	if	implements	include
include_once	instanceof	insteadof（从PHP 5.4开始）	interface	isset()

续表

list()	namespace（从PHP 5.3开始）	new	or	print
private	protected	public	require	require_once
return	static	switch	throw	trait（从PHP 5.4开始）
try	unset()	use	var	while
xor	yield（从PHP 5.5开始）			

2.2.5 变量与常量

在代数学科中，使用字母（例如x）来保存值（例如5）；而在编程中，这里的“x”就是变量。变量是由“$”符号和变量名组成的，其值可以改变，其命名规则与标识符相同。变量为开发人员提供了一个有名称的内容存储区，程序可以通过变量名对内存存储区进行读、写操作，也可以理解为变量是用于存储可变数据的“容器”。

与其他语言不同，PHP是弱类型语言，因此，变量在使用前不需要先声明就可以直接赋值使用。在PHP中，变量分直接赋值、传值赋值、引用赋值3种。具体如下。

1. 直接赋值

```
<?php
    $host='127.0.0.1';    //定义变量$host,并赋值为127.0.0.1
    $dbuser='root';   //定义变量$dbuser,并赋值为root
?>
```

从上面的例子可以看出，直接赋值就是用“=”直接将值赋给变量。若要输出变量的值，可以使用echo，如echo $host。

注意　美元符号“$”是变量的标识符，所有变量都是以“$”符开头的。无论是声明变量还是调用变量，都应该使用“$”符。

2. 传值赋值

传值赋值是使用“=”将一个变量的值赋给另一个变量。“变量间的赋值”是指赋值后两个变量使用各自的内存，互不干扰。

```
<?php
 $host='127.0.0.1';          //为变量$host赋值127.0.0.1
 $host1=$host;               //使用$host初始化$host1
 $host="192.168.1.1";    //改变变量$host的值192.168.1.1
?>
```

3. 引用赋值

“引用赋值”是指用不同的名字访问同一个变量内容，当改变其中一个变量的值时，另一个变量的值也随之发生变化。引用赋值将一个“&”符号简单地加到将要赋值的变量前。具体使用如下。

```
<?php
 $host='127.0.0.1';          //定义变量$host并赋值127.0.0.1
 $local=&$host;        //定义变量$local,并将$host值引用赋值给$local
 $host="192.168.1.1";      //变量$host重新赋值为192.168.1.1
 echo $local;           //输出$local的值,其结果为192.168.1.1
?>
```

在学习数学时会遇到圆周率π，它是固定不变的。在开发过程中，如果同样要定义一个固定不变的量，可以使用变量吗？除了变量，实际在PHP中还可以使用常量来保存数据。常量一旦被定义，就不能被修改或者重新定义，脚本在运行过程中始终保持值不变，这时就用常量来保存。常量的具体定义和使用如下所示。

1）define()函数

语法格式如下。

```
define(name,value,case_insensitive)
```

- name：必要参数，规定常量的名称。
- value：必要参数，规定常量的值。
- case_insensitive：可选参数，规定常量的名称是否对大、小写敏感。若设置为true，则对大、小写不敏感；默认是 false（大、小写敏感）。

如果需要输出常量，直接用constant()函数，并设置常量名称参数项即可。

```
<?php
  define('DBNAME','album');      //定义常量DBNAME并赋值album
  echo DBNAME;             //使用echo输出DBNAME,其结果为album
 echo constant('DBNAME'); //使用constant函数获取常量输出DBNAME,其结果为album
?>
```

2）const关键字

```
<? php
  const PAI=3.14;          //定义名称为PAI的常量,赋值为3.14
  echo  PAI;            //输出结果为3.14
?>
```

除去以上自定义变量和常量外，PHP提供一些常用的系统常量（如表2-2所示）和全局变量（如表2-3所示）。

表2-2　系统常量

常量名	用　途	注　意
__FILE__	当前PHP文件的相对路径	前后都是双下划线
__LINE__	当前PHP文件中所在的行号	前后都是双下划线
__CLASS__	当前类名，只对类起作用	前后都是双下划线
PHP_VERSION	PHP版本号	大写
PHP_OS	当前操作系统类型	大写
M_PI	圆周率常量值	大写
M_E	科学常数e	大写
M_LOG2E	代表$\log_2 e$，以2为底e的对数	大写
M_LN2	2的自然对数	大写
M_LN10	10的自然对数	大写
E_ERROR	最近的错误之处	大写
E_WARNING	最近的警告之处	大写
E_PARSE	剖析语法有潜在问题之处	大写
__METHOD__	表示类方法名，例如A::test	大写

表2-3　全局变量

变量名	用　途
$_SERVER	返回服务器的相关信息，返回一个数组
$_GET	所有GET请求过来的参数
$_POST	所有POST过来的参数
$_COOKIE	所有HTTP提交过来的cookie
$_FILES	所有HTTP提交过来的文件
$_ENV	当前的执行环境信息
$_REQUEST	相当于$_POST、$_GET、$_COOKIE提交过来的数据，因此，这个变量不值得信任
$_SESSION	session会话变量

2.2.6 PHP的数据类型

在计算机中，以位（0或1）表示数据。数据是计算机操作的对象，每一个数据都有其类型，具有相同数据类型的数据才能进行运算操作。PHP的数据类型可以归纳为标量数据类型、复合数据类型和特殊数据类型3种。

1. 标量数据类型

标量数据类型是数据结构中最基本的单元，只能存储一个数据。PHP中的标量数据类型包括4种，如表2-4所示。

表2-4　标量数据类型

类　型	描　述
Boolean（布尔型）	布尔型是最简单的数据类型，只有两个值 false（假） 和true（真）
String（字符串型）	字符串就是连续的字符序列，可以是计算机能表示的一切字符的集合
Integer（整型）	整型数据类型只能包含整数，这些数据类型可以是负整数、正整数或者零
Float（浮点型）	浮点型类型用于存储数字，和整型不同的是，浮点型可以有小数点

- 布尔型（boolean）：布尔型数据类型保存一个 true值或者 false值，其中true和false是PHP的内部关键字。设定一个布尔型的变量，只需将 true 或者false赋值给变量即可。布尔型数据类型通常用于逻辑判断，是PHP中最常用的数据类型之一。示例如下。

```
<?php
  $flag=true;            //定义一个变量$flag并赋值为true
  $result=false;          //定义一个变量$result并赋值为false
?>
```

注意：在PHP中不是只有false值才为假，在0、0.0、“0”、空白字符串（“”）、只声明没有赋值的数组等这些特殊情况下，boolean值也被认为是false。

- 字符串型（string）：字符串是由连续的字母、数字或者字符组成的字符序列。简单来说，就是想表达的一切让其他人看到的字符。在PHP中，通常使用单引号或双引号表示字符串。示例如下。

```
<?php
  $name='张三';
  $sex='男';
  $str='个人信息';
  echo $name.'的'.$str.'性别$sex<br>';
  echo $name.'的'.$str."<br>性别$sex";
  echo $name.'的'.$str."<br>性别:$sex<br>年龄";
?>
```

从上述代码的运行结果可以看出，在双引号字符串中变量$sex会被解析为变量值“男”，而在单引号字符串中输出原样。在上述代码中，“.”是字符串连接符，“<br>”是换行标签，“echo”是PHP的输出语句，将文本内容显示在浏览器中。双引号字符串还支持换行符“\n”、制表符“\t”等转义符的使用，单引号字符串只支持“'”和“\”的转义。其中，转义字符如表2-5所示。

表2-5　转义字符

转义字符	含　义	转义字符	含　义
\n	换行	\\	反斜杠
\r	回车	\$	美元符号
\t	水平制表符	\"	双引号

从 `echo $name.'的'.$str."<br>性别:$sex<br>年龄";` 这行代码的最终执行结果可以看出，性别后面并没有出现$sex变量的值和“年龄”二字，原因是在双引号字符串中输出变量时，会出现变量名界定不明确的问题，在这种情况下就可以使用英文“{}”对变量进行界定，建议在编程中使用。示例如下。

```
<?php
    $name='张三';
    $sex='男';
    $str='个人信息';
    echo $name.'的'.$str.'性别$sex<br>';
    echo $name.'的'.$str." <br>性别$sex";
    echo $name.'的'.$str."<br>性别:{$sex}年龄";
?>
```

PHP还有另外一种创建字符串的方法，就是使用定界符“<<<”。示例如下。

```
<?php
$str=<<<"ABC"
……
ABC;
echo $str;
?>
```

注意　是在“<<<”之后提供一个标识符，然后是字符串，最后用统一的标识符结束字符串。

- 整型(integer)：整型数据类型就是通常所说的整数，它只能是整数，生活中的123或者－123，年龄20，都表示整型。这些都是十进制，还可以写为八进制、十六进制。如果使用八进制表示，数字前面必须加“0”；如果使用十六进制表示，数字前面需要加“0x”。整型数据类型支持的最大整数与平台的系统环境有关，一般是$\pm 2^{31}$。如果超过此限制，整型数据类型将转换为浮点型数据类型。示例如下。

```
<?php
    $m=0123;        //八进制
    $m2=123;        //十进制
```

```
    $m3=0x123;    //十六进制
    echo "八进制的结果是：{$m}<br>";
    echo "十进制的结果是：{$m2}<br>";
    echo "十六进制的结果是：{$m3}";
?>
```

- 浮点型（float）：浮点型（浮点数，单精度数，双精度数或实数），也就是通常所说的小数，可以用小数点法或者科学记数法表示。使用科学记数法时可以使用小写的“e”，也可以使用大写的“E”。示例如下。

```
<?php
   $num_float = 1.234;      //小数点法
   $num_float = 1.2e3;      //科学记数法,小写e
   $num_float = 7.0E-10;       //科学记数法,大写E
?>
```

2. 复合数据类型

复合数据类型将多个简单数据类型组合在一起，存储在一个变量中，包括数组和对象两种，如表2-6所示。

表2-6　复合数据类型

类　型	描　述
Array（数组）	一组数据的集合
Object（对象）	对象是类的实例。使用关键字new来创建

- 数组（array）：数组是一个能在单个变量中存储多个值的特殊变量。数组是一组数据的集合，将一系列数据组织起来，形成一个可操作的整体。数组中的每个数据都被称为“一个元素”，元素包括键名（即索引）和值两部分。元素的键名可以由数字或字符串组成，元素的值可以是多种数据类型（标量数据，数组，对象，资源，以及PHP支持的其他语法结构等）。定义$arr_ext变量作为数组名，并为数组赋值。示例如下。

```
<?php
      $arr_ext=['jpg', 'jpeg', 'png'];          //第一种
      $arr_ext=array('jpg', 'jpeg', 'png');       //第二种
?>
```

上面代码中的键名为数字，“jpg”“jpeg”“png”为元素的值。

- 对象（object）：要创建一个对象，首先要创建一个类，类需要用class关键字定义。创建好类后，便可以使用new关键字实例化类的对象，然后访问对象的属性、方法等。编程语言用到的方法有面向过程和面向对象两种。

3. 特殊数据类型

除上面介绍的两大数据类型外，PHP还支持用在特殊方面的数据类型，主要包括资源

类型和空值类型。

- 资源类型（resource）：资源是由专门的函数来建立和使用的。在使用资源时要及时释放不需要的资源，如果忘记释放，系统就会自动回收，以避免内存消耗殆尽。
- 空值类型（NULL）：空值类型只有一个值NULL，并不表示空格、零。它表示没有值。

2.2.7 PHP运算符

1. 算术运算符

算术运算符是用来处理加、减、乘、除运算的符号，也是最简单和最常用的运算符，如表2-7所示。

表2-7　算术运算符

运算符	名　称	表达式	描　述	实　例	结　果
+	加	x+y	x和y的和	2+2	4
-	减	x-y	x和y的差	5-2	3
*	乘	x*y	x和y的积	5*2	10
/	除	x/y	x和y的商	15/5	3
%	模（除法的余数）	x%y	x除以y的余数	5%2 10%8 10%2	1 2 0
-	取反	-x	x取反	-2	-2
.	拼接	a.b	连接两个字符串	"Hi"."Ha"	HiHa

注意

在进行四则混合运算时，运算顺序依然遵循数学中的“先乘除后加减”原则；在进行取模运算时，运算结果的正负取决于被模数（%左侧的数）的符号，与模数（%右侧的数）的符号无关。

2. 赋值运算符

赋值运算符是一个二元运算符，它意味着左操作数被设置为右侧表达式的值。也就是说，“$x = 5”中x的值是5。具体如表2-8所示。

表2-8　赋值运算符

运算符	表达式	等同于	描　述
=	x=y	x=y	左操作数x被设置为右侧表达式y的值
+=	x+=y	x=x+y	左操作数x被设置为x+y的值
-=	x-=y	x=x-y	左操作数x被设置为x-y的值
*=	x*=y	x=x*y	左操作数x被设置为x*y的值

续表

运算符	表达式	等同于	描述
/=	x/=y	x=x/y	左操作数x被设置为x/y的值
%=	x%=y	x=x%y	左操作数x被设置为x%y的值
.=	a.=b	a=a.b	左操作数a被设置为a.b（两个字符串连接）的值

3. 递增 / 递减运算符

PHP中递增/递减运算符也称自增/自减运算符，可以看作一种特定形式的复合赋值运算，如表2-9所示。

表2-9　递增/递减运算符

运算符	表达式	等同于	描述
++	++x	预递增	x加1，然后返回x
++	x++	后递增	返回x，然后x加1
--	--x	预递减	x减1，然后返回x
--	x--	后递减	返回x，然后x减1

4. 比较运算符

比较运算符用来对两个变量或表达式进行比较，其结果是布尔类型的值true或false。如表2-10所示。

表2-10　比较运算符

运算符	名称	表达式	描述	实例
==	等于	m==n	如果m等于n，则返回true	6==8返回false
===	恒等	m===n	如果m等于n，且它们类型相同，则返回true	8==="8"返回false
!=	不等于	m!=n	如果m不等于n，则返回true	6!=8返回true
<>	不等于	m<>n	如果m不等于n，则返回true	6<>8返回true
!==	不恒等	m!==n	如果m不等于n，或它们类型不相同，则返回true	6!=="6"返回true
>	大于	m>n	如果m大于n，则返回true	6>8返回false
<	小于	m<n	如果m小于n，则返回true	6<8返回true
>=	大于等于	m>=n	如果m大于或者等于n，则返回true	6>=8返回false
<=	小于等于	m<=n	如果m小于或者等于n，则返回true	6<=8返回true

5. 逻辑运算符

主要用于程序开发中的逻辑判断，其返回值类型为布尔类型，如表2-11所示。

表2-11　逻辑运算符

运算符	名　称	表达式	描　述	实　例
and	与	m and n	如果m和n都为true，则返回true	m=8 n=5 (m<9 and n>3) 返回true
or	或	m or n	如果m和n至少有一个为true，则返回true	m=8 n=5 (m==6 or n==5) 返回true
xor	异或	m xor n	如果m和n有且仅有一个为true，则返回true	m=8 n=5 (m==8 xor n==5) 返回false
&&	与	m&&n	如果m和n都为true，则返回true，与and相同，但优先级较高	m=8 n=5 (m<9 && n>3) 返回true
||	或	m||n	如果m和n至少有一个为true，则返回true，与or相同，但优先级较高	m=8 n=6 (m==5 || n==5) 返回false
!	非	!m	如果m不为true，则返回true	m=8 n=5 !(m==n) 返回true

虽然“&&”“||”与“and”“or”的功能相同，但前者比后者的优先级别高。

6. 运算符的优先级

在一个表达式中含有多个运算符时，要明确表达式中各个运算符参与运算的先后顺序，这种顺序被称为“运算符的优先级”。表2-12按照优先级从高到低的顺序列出了运算符，同一行中的运算符具有相同的优先级，此时它们的结合方向决定求值顺序。

注意　“左 =”表示从左到右，“右 =”表示从右到左。在表达式中还有一个优先级最高的运算符，即圆括号“()”。它可以提升其内运算符的优先级，通常能够增加代码的可读性。

表2-12　运算符优先级

结合方向	运算符	附加信息
无	clone new	clone和new
左	[ ]	array()
右	++ -- ~ (int) (float) (string) (array) (object) (bool) @	类型和递增/递减
无	instanceof	类型
右	!	逻辑运算符

续表

结合方向	运 算 符	附加信息
左	* / %	算术运算符
左	+ - .	算术运算符和字符串运算符
左	<< >>	位运算符
无	== != === !== <>	比较运算符
左	&	位运算符和引用
左	^	位运算符
左	|	位运算符
左	&&	逻辑运算符
左	||	逻辑运算符
左	? :	三元运算符
右	= += -= *= /= .= %= &= |= ^= <<= >>= =>	赋值运算符
左	and	逻辑运算符
左	xor	逻辑运算符
左	or	逻辑运算符

2.2.8 流程控制

1. 条件控制语句

在生活中总会遇到需要进行判断和决策的情况，程序也是一样。例如，用户使用微信登录，可以用微信扫一扫；使用QQ登录，可以输入QQ号和密码；使用微博登录，可以输入微博名称和密码；使用手机号登录，则输入手机号和密码。这类判断，按照条件选择执行不同的代码片段，就是程序中的条件控制语句。条件控制语句主要有if、if...else、if...elseif...else和switch。

- if语句：if语句是最简单的条件判断语句，它对某段程序的执行附加一个条件。如果条件成立，就执行这段程序；否则就跳过这段程序，去执行后面的程序。语法格式如下。

```
if(expr) {
    //满足条件要执行的代码块
}
```

如果表达式expr的值为true，则执行“{}”内的代码块；否则就跳过该条语句往下执行。如果执行语句只有一条，“{}”可省略。

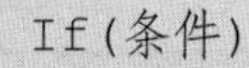

```
If(条件)
    //满足条件要执行的代码块
```

● if...else语句：有时程序需要在满足某个条件时执行一条语句，而在不满足该条件时执行其他语句，这时可以使用if...else语句。语法格式如下。

```
if (expr)
{
  //条件成立时执行的代码一;
}
else
{
  //条件不成立时执行的代码二;
}
```

如果表达式expr的值为true，则执行代码一；否则就执行代码二。如果执行语句只有一条，“{}”可省略。

● if...elseif...else 语句：If...elseif...else语句也是if语句的一种衍生，其作用是根据不同的条件执行不同的结果，类似于多个if...else语句嵌套。语法格式参见下例。

```
<?php
    $score=90;                          //定义变量成绩
    if ($score>0 && $score<60) {             //通过判断成绩返回值给出评价
       echo '成绩为不及格！';
    } elseif ($score>=60 && $score<70)  { //通过判断成绩返回值给出评价
       echo '成绩为及格！';
    } elseif ($score>=70 && $score<85)  { //通过判断成绩返回值给出评价
       echo '成绩为中等！';
    } elseif ($score>=85 $& $score<=100)  { //通过判断成绩返回值给出评价
       echo '成绩为优秀！';
    } else {//以上所有范围都不符合,给出提示
       echo  '成绩输入错误！';
    }
?>
```

● switch语句：switch 语句和前面讲到的if...elseif...else语句类似，也是根据不同的条件执行不同的语句。和if...elseif...else 语句的不同点在于，switch常用于对不同的值进行判断，然后作出响应。语法格式参见下例。

```
<?php
    //提交按钮
    $action = input('post', 'action', 's');
```

```
    switch ($action){
        case 'new'://创建相册
            $name = input('post', 'new_name', 's');
            if(newalbum($id,$name)>1){
                //创建成功重定向
                header("location:index.php?id=".$id);
            };
        break;
        case 'upload'://上传图片
            $file=input($_FILES, 'upload', 'a');
            upload($id,$file);
        break;
        case 'del'://删除相册
            delete($t_id);
        break;
        case 'pic_cover'://设为封面
            picture_cover($t_id, $id);
        break;
        case 'pic_del'://删除图片
            picture_delete($t_id);
        break;
        default:
            echo '参数不对';
        break;
    }
    ?>
```

通过上述代码可以看出switch的具体用法。利用PHP提供的自定义input函数来接收提交过来的值，再通过switch来判断具体执行什么流程。

注意

switch语句首先对一个简单的表达式 $action（通常是变量）进行一次计算。将表达式的值与结构中每个 case 的值进行比较。如果存在匹配，则执行与 case 关联的代码块。执行代码后，使用 break阻止代码跳入下一个 case 中继续执行。default 语句主要用于不存在匹配（即没有 case 为真）时执行。

2. 循环控制语句

在实际应用中经常会遇到一些并不复杂但需要反复多次处理的操作，使用顺序结构是很难实现的，也比较烦琐。因此，PHP提供了循环语句来实现其功能。

循环控制语句是指能够按照一定的条件重复执行某段功能代码的代码结构，分为while、do...while、for循环、foreach循环。

- while语句：while 语句的执行流程很简单，只要while循环条件的值为true就重复执行循环体中的语句。语法格式如下。

```
while (判断条件) {
   执行循环体语句;
}
```

- do...while语句：while语句的另一种表示形式，与while语句非常相似，只是do...while语句在循环的底部检测循环表达式，而不是在循环的顶部检测。do...while语句先执行语句，然后再对条件进行判断，如果条件值为false，则跳出循环。由此可以看出，该语句的循环体至少被执行一次。语法格式如下。

```
do{
   //执行循环体语句
}while(判断条件);
```

- for语句：for循环是一种在程序执行前就判断条件表达式是否为真的循环语句。如果条件为假（false），循环语句就不会执行。for语句适合重复执行预订次数的循环。语法格式如下。

```
for(expr1;expr2;expr3){
    //执行循环体语句
}
```

在for循环的括号内有3个表达式，其含义如下。

expr1表达式：初始表达式，用于标量的初始化。

expr2表达式：循环条件表达式，布尔类型的值，也可被称为“判定式”。

expr3表达式：循环后操作表达式，用于调整变量的值，也可被称为“更新表达式”。

- foreach语句：foreach 循环结构是遍历数组时常用的方法。foreach 仅能够应用于数组和对象，如果尝试应用于其他数据类型的变量或者未初始化的变量将发出错误信息。foreach 有以下两种语法格式。

第一种格式：

```
foreach (array_expression as $value){
    statement
}
```

此格式用法遍历 array_expression 数组时，每次循环将数组的值赋给 $value。

第二种格式：

```
foreach (array_expression as $key => $value){
    statement
}
```

此格式用法不仅将数组值赋给$value，还将键名赋给$key。

2.2.9 函数

把一段可以实现指定功能的代码封装在函数内，直接调用函数即可实现指定的功能。函数可以分为以下几类：系统内置函数，自定义函数，变量函数。

1. 系统内置函数（PHP 常用自带函数）

（1）chunk_split：将字符串分割成小块。

语法格式如下。

```
chunk_split ( string $body [, int $chunklen = 76 [, string $end =
"\r\n" ]] ) : string
```

参数说明如下。

- $body：要分割的字符。
- $chunklen：分割的尺寸。
- $end：行尾序列符号。

（2）echo：输出一个或多个字符串。

语法格式如下。

```
echo ( string $arg1 [, string $... ] ) : void
```

示例如下。

```
echo "Hello World";
```

参数说明如下。

- $arg1：必填参数。一个或多个要输出的字符串。

（3）explode：使用一个字符串分割另一个字符串。

语法格式如下。

```
explode ( string $delimiter , string $string [,int $limit] ) : array
```

该函数返回由字符串组成的数组，每个元素都是 string 的一个子串。

参数说明如下。

- $delimiter：指定分隔字符。
- $string：指定字符串。
- $limit：如果设置了 limit 参数并且是正数，则返回的数组包含最多 limit 个元素，而最后那个元素将包含string的剩余部分。如果 limit 参数是负数，则返回除了最后的 -limit个元素外的所有元素。如果 limit 是0，则会被当作1。

（4）implode：将一个一维数组的值转化为字符串。

语法格式如下。

```
implode ( string $glue , array $pieces ) : string
```

参数说明如下。

- $glue：默认为空的字符串。
- $pieces：想要转换的数组。

（5）htmlspecialchars：将指定的字符串预定义的字符（如表2-13所示）转换为 HTML 实体。

语法格式如下。

```
htmlspecialchars ( string $string [, int $flags = ENT_COMPAT | ENT_HTML401 [, string $encoding =ini_get(<<default_charset>>) [, bool $double_encode = TRUE ]]] ) : string
```

参数说明如下。

- $string：必需参数。规定要转换的字符串。
- $flags：可选参数。规定如何处理引号、无效的编码，以及使用哪种文档类型。
- $encoding：可选参数。一个规定了要使用的字符集的字符串。
- $double_encodc：可选参数。布尔值，规定了是否编码已存在的 HTML 实体。默认为true，将对每个实体进行转换；为false则不会对已存在的 HTML 实体进行编码。

表2-13　预定义的字符

原 字 符	替换后的实体
&（& 符号）	&
"（双引号）	"，除非设置了 ENT_NOQUOTES
'（单引号）	设置了 ENT_QUOTES 后，'（如果是 ENT_HTML401），或者 '（如果是 ENT_XML1、 ENT_XHTML 或 ENT_HTML5）
<（小于）	<
>（大于）	>

（6）htmlspecialchars_decode：将特殊的 HTML 实体转换回普通字符。

语法格式如下。

```
htmlspecialchars_decode ( string $string [, int $flags = ENT_COMPAT | ENT_HTML401 ] ) : string
```

此函数与 htmlspecialchars( ) 刚好相反。它将特殊的HTML实体转换回普通字符。

参数说明如下。

- $string：特殊的HTML实体。
- $flags：可选参数。规定如何处理引号以及使用哪种文档类型。

  可用的引号类型如下。

  ENT_COMPAT：默认。仅解码双引号。

  ENT_ QUOTES：解码双引号和单引号。

  ENT_ NOQUOTES：不解码任何引号。

  规定使用的文档类型的附加flags 如下。

  ENT_ HTML401：默认。作为HTML 4.01处理代码。

  ENT_ HTML5：作为HTML 5处理代码。

  ENT_ XML1：作为XML 1处理代码。

ENT_ XHTML：作为XHTML处理代码。

（7）ltrim：删除字符串开头的空白字符（或其他字符）。

语法格式如下。

```
ltrim ( string $str [, string $character_mask ] ) : string
```

参数说明如下。

- $str：输入的字符串。
- $character_mask：通过参数 character_mask，可以指定想要删除的字符列表。具体做法是，简单地列出想要删除的所有字符。

（8）rtrim：删除字符串末端的空白字符（或者其他字符）。

语法格式如下。

```
rtrim ( string $str [, string $character_mask ] ) : string
```

参数说明如下。

- $str：输入的字符串。
- $character_mask：通过参数 character_mask，可以指定想要删除的字符列表。具体做法是，简单地列出想要删除的全部字符。

（9）trim：删除字符串首尾处的空白字符（或者其他字符）。

语法格式如下。

```
trim ( string $str [, string $character_mask = "<< \t\n\r\0\x0B>>" ]): string
```

参数说明如下。

- $str：待处理的字符串。
- $character_mask：可选参数，过滤字符也可由 character_mask 参数指定。一般要列出所有希望过滤的字符。

（10）md5：返回字符串的 MD5 散列值（32位）。

语法格式如下。

```
md5 ( string $str [, bool $raw_output = FALSE ] ) : string
```

参数说明如下。

- $str：原始字符串。
- $raw_output：如果可选的 raw_output 被设置为 true，那么 MD5 报文摘要将以16字节长度的原始二进制格式返回。

（11）money_format：数字格式转化成货币字符串。

语法格式如下。

```
money_format ( string $format , float $number ) : string
```

参数说明如下。

- $format：字符串由单个 % 字符、可选的标记（flags）、可选的字段宽度、可选的左侧精度、可选的右侧精度、必选的单个转化字符、标记（Flags）组成。可选多个标记，如表2-14所示。

表2-14 可选多个标记

标　记	释　义
=f	字符：=，并紧跟一个字符（单字节）f，用于数字填充。默认的填充字符是空格
^	禁用分组字符（例如金额中的逗号，在本地区域设置 locale 中定义）
+ or (	正负数字的格式。使用+，将使用区域设置（locale）中相当于+和-的符号。 如果使用(，负数将被圆括号围绕。不设置的话，默认为+
!	不输出货币符号（例如 ¥）
-	有这个符号时，将使字段左对齐（填充在右边），默认是相反的，是右对齐的（填充在左边）
字段宽度w	十进制数值字符串的宽度。字段将右对齐，除非使用了-标记。默认值为 0
左侧精度#n	小数字符（例如小数点）前的最大位数（n）。常用于同一列中的格式对齐。如果位数小于n，则使用填充字符填满。如果实际位数大于n，此设置将被忽略 如果没用^标识禁用分组，分组分隔符会在添加填充字符之前插入（如果有的话）。分组分隔符不会应用到填充字符里，哪怕填充字符是个数字 为了保证对齐，出现在之前或者之后的字符，都会填充必要的空格，保证正、负情况下长度都一样
右侧精度.p	小数点后的一段数字（p）。如果p的值是0（零），小数点右侧的数值将被删除。如果不使用这个标记，默认显示取决于当前的区域设置。小数点后指定位数的数字，四舍五入格式化
转化符i	被格式化为国际货币格式（例如，locale是USA：USD 1 234.56）
转化符n	被格式化为国家货币格式（例如，locale是de_DE：EU1.234 56）
转化符%	返回字符%
%	返回字符%

- $number：需要格式化的数字。

（12）number_format：以千位分隔符方式格式化一个数字。

语法格式如下。

```
number_format(float $number[,int $decimals = 0,$dec_point,$thousands_sep]) : string
```

参数说明如下。

- $number：想要格式化的数字。
- $decimals：想要保留的小数位数。
- $dec_point：指定小数点显示的字符。
- $thousands_sep：指定千位分隔符显示的字符。

（13）str_replace：字符串替换。

语法格式如下。

```
str_replace ( mixed $search , mixed $replace , mixed $subject [, int &$count ] ) : mixed
```

该函数返回一个字符串或者数组。如果 search 和 replace 都是数组，它们的值将会被依次处理。

参数说明如下。

- $search：查找的目标值，也就是needle。一个数组可以指定多个目标。
- $replace：search 的替换值。一个数组可以被用来指定多重替换。
- $subject：执行替换的数组或者字符串，也就是 haystack。如果 subject 是一个数组，替换操作将遍历整个 subject，返回值也将是一个数组。
- $count：如果被指定，该值将被设置为替换发生的次数。

（14）str_ireplace：str_replace( ) 的忽略大、小写版本。

语法格式如下。

```
    str_ireplace ( mixed $search , mixed $replace , mixed $subject
[, int &$count ] ) : mixed
```

该函数返回一个字符串或者数组。该字符串或数组是将subject中的全部search都替换为replace（忽略大、小写）之后的结果。如果没有一些特殊的替换规则，应该使用该函数替换带有i修正符的preg_replace( )函数。

如果search和replace为数组，那么str_replace( )将对subject作二者的映射替换。如果replace值的个数少于search的个数，多余的替换将使用空字符串来进行。如果search是一个数组而replace是一个字符串，那么search中每个元素的替换将始终使用这个字符串。如果search或replace是数组，它们的元素将从头到尾一个个处理。

参数说明如下。

- $search：要搜索的值，就像是 needle。可以使用 array提供多个 needle。
- $replace：替换的新字符。
- $subject：要被搜索和替换的字符串或数组，就像是haystack。如果subject是一个数组，替换操作将遍历整个subject，并且也将返回一个数组。
- $count：如果被设定，则会设置执行替换的次数。

（15）str_pad：使用另一个字符串填充字符串为指定长度。

语法格式如下。

```
    str_pad ( string $input , int $pad_length [, string $pad_string = " "
[, int $pad_type = STR_PAD_RIGHT ]]) : string
```

该函数返回input被从左端、右端或者同时两端填充到指定长度后的结果。如果可选的pad_string参数没有被指定，input将被空格字符填充，否则它将被pad_string填充到指定长度。

参数说明如下。

- $input：输入的字符串。
- $pad_length：如果pad_length的值是负数，小于或者等于输入字符串的长度，不会发生任何填充，并会返回input。
- $pad_string：如果填充字符的长度不能被pad_string整除，那么pad_string可能会被缩短。

- $pad_type：可选的pad_type参数的可能值为STR_PAD_RIGHT，STR_PAD_LEFT 或STR_PAD_BOTH。如果没有指定pad_type，则默认它是STR_PAD_RIGHT。

（16）str_repeat：重复一个字符串。

语法格式如下。

```
str_repeat ( string $input , int $multiplier ) : string
```

返回input重复multiplier次后的结果。

参数说明如下。

- $input：待操作的字符串。
- $multiplier：input被重复的次数。multiplier必须大于等于0。如果multiplier被设置为0，函数返回空字符串。

（17）str_shuffle：随机打乱一个字符串。

语法格式如下。

```
str_shuffle ( string $str ) : string
```

str_shuffle( )函数打乱一个字符串，使用任何一种可能的排序方案。本函数并不会生成安全加密的值，不应用于加密。若需要安全加密的值，考虑使用openssl_random_pseudo_bytes( )。

参数说明如下。

- $str：输入字符串。

（18）str_split：将字符串转换为数组。

语法格式如下。

```
str_split ( string $string [, int $split_length = 1 ] ) : array
```

将一个字符串转换为数组。

参数说明如下。

- $string：输入的字符串。
- $split_length：每一段的长度。

（19）strcasecmp：二进制安全比较字符串（不区分大小写）。

语法格式如下。

```
strcasecmp ( string $str1 , string $str2 ) : int
```

二进制安全比较字符串（不区分大小写）。

参数说明如下。

- $str1 ：第一个字符串。
- $str2 ：第二个字符串。

（20）strlen：获取字符串长度。

语法格式如下。

```
strlen ( string $string ) : int
```

返回给定的字符串 string 的长度。

参数说明如下。

- $string：需要计算长度的字符串。

（21）strrev：反转字符串。

语法格式如下。

```
strrev ( string $string ) : string
```

返回string反转后的字符串。

参数说明如下。

- $string：待反转的原始字符串。

（22）strripos：计算指定字符串在目标字符串中最后一次出现的位置（不区分大、小写）。

语法格式如下。

```
strripos ( string $haystack , string $needle [, int $offset = 0 ] ) : int
```

以不区分大、小写的方式查找指定字符串在目标字符串中最后一次出现的位置。与strrpos()不同，strripos()不区分大、小写。

参数说明如下。

- $haystack：在此字符串中进行查找。
- $needle：needle可以是一个单字符或者多字符的字符串。
- $offset：可选参数。规定开始搜索的位置。

字符串位置从 0 开始，不是从 1 开始。该函数如果成功，则返回参数$needle在参数$haystack中所在位置，否则返回 false。

（23）strrpos：计算指定字符串在目标字符串中最后一次出现的位置。

语法格式如下。

```
strrpos ( string $haystack , string $needle [, int $offset = 0 ] ) : int
```

返回字符串haystack中needle最后一次出现的数字位置。注意，在PHP 4.0中，needle只能为单个字符。如果needle被指定为一个字符串，那么将仅使用第一个字符。

参数说明如下。

- $haystack：在此字符串中进行查找。
- $needle：如果needle不是一个字符串，它将被转换为整型并被视为字符的顺序值。
- $offset：可选参数。规定开始搜索的位置。

字符串位置从 0 开始，不是从 1 开始。该函数如果成功，则返回参数$needle在参数$haystack中所在位置，否则返回 false。

（24）strstr：查找字符串的首次出现。

语法格式如下。

```
strstr ( string $haystack , mixed $needle [, bool $before_needle =
FALSE ] ) : string
```

返回haystack字符串，从needle第一次出现的位置开始且到haystack结尾的字符串。该函数区分大、小写。如果想要不区分大、小写，请使用stristr( )。如果仅想确定needle是否存在于haystack中，则使用速度更快、耗费内存更少的strpos()函数。

参数说明如下。

- $haystack：输入的字符串。
- $needle：如果needle不是一个字符串，那么它将被转化为整型并且作为字符的序号来使用。
- $before_needle：若为true，strstr( )将返回needle在haystack中的位置之前的部分。

（25）strtolower：将字符串转化为小写。

语法格式如下。

```
strtolower ( string $string ) : string
```

将string中所有的字母字符转换为小写并返回。“字母”与当前所在区域有关。例如，在默认的“C”区域，字符 umlaut-A（ä）不会被转换。

参数说明如下。

- $string：输入的字符串。

（26）strtoupper：将字符串转化为大写。

语法格式如下。

```
strtoupper ( string $string ) : string
```

将string中所有的字母字符转换为大写并返回。“字母”与当前所在区域有关。例如，在默认的“C”区域，字符 umlaut-a（ä）不会被转换。

参数说明如下。

- $string：输入的字符串。

（27）substr_count：计算字符串出现的次数。

语法格式如下。

```
substr_count ( string $haystack , string $needle [, int $offset = 0
[, int $length ]] ) : int
```

substr_count( )返回子字符串needle在字符串haystack中出现的次数。注意，needle区分大、小写。该函数不会计算重叠字符串。

参数说明如下。

- $haystack：在此字符串中进行搜索。
- $needle：要搜索的字符串。
- $offset：开始计数的偏移位置。如果是负数，则从字符的末尾开始统计。
- $length：指定偏移位置之后的最大搜索长度。如果偏移量加上这个长度的和大于haystack的总长度，则打印警告信息。负数的长度length是从haystack的末尾开始统计的。

（28）substr：返回字符串的子字符串。

语法格式如下。

```
substr ( string $string , int $start [, int $length ] ) : string
```

返回字符串string由start和length参数指定的子字符串。

参数说明如下。

- $string：输入的字符串。必须至少有一个字符。
- $start：如果start是非负数，返回的字符串将从string的start位置开始。字符串位置是从0开始计算的。例如，在字符串“abcdef”中，在位置0的字符是“a”，在位置2的字符是“c”等。如果start是负数，返回的字符串将从string结尾处向前数第-start个字符开始。如果string的长度小于start，将返回false。

（29）ucwords：将字符串中每个单词的首字母转换为大写。

语法格式如下。

```
ucwords ( string $string [, string $delimiter = " \t\r\n\f\v" ] ) : string
```

将string中每个单词的首字符（如果首字符是字母）转换为大写字母，并返回这个字符串。这里单词的定义是紧跟在delimiter参数（默认：空格符、制表符、换行符、回车符、水平线以及竖线）之后的子字符串。

参数说明如下。

- $string：输入的字符串。
- $delimiter：可选参数，包含单词分隔字符。

（30）date_default_timezone_set：设定用于一个脚本中所有日期时间函数的默认时区。

语法格式如下。

```
date_default_timezone_set ( string $timezone_identifier ) : bool
```

参数说明如下。

- $timezone_identifier：表示国家区域。

（31）date_default_timezone_get：取得一个脚本中所有日期时间函数所使用的默认时区。

语法格式如下。

```
date_default_timezone_get () : string
```

（32）date：格式化一个本地时间/日期。

语法格式如下。

```
date ( string $format [, int $timestamp ] ) : string
```

参数说明如下。

- $format：必需参数。规定时间戳的格式，如表2-15所示。
- $timestamp：可选参数。规定时间戳，默认是当前的日期和时间。

表2-15　format参数可填值

format字符	说　明	返回值示例
日	—	—
d	月份中的第几天，有前导零的2位数字	01到31
D	星期中的第几天，文本表示，3个字母	Mon到Sun
j	月份中的第几天，没有前导零	1到31

format字符	说　　明	返回值示例
l（"L"的小写字母）	星期几，完整的文本格式	Sunday到Saturday
N	ISO-8601格式数字表示的星期中的第几天（PHP 5.1.0新加）	1（表示星期一）到7（表示星期天）
S	每月天数后面的英文后缀，2个字符	st，nd，rd或者th。可以和j一起用
w	星期中的第几天，数字表示	0（表示星期天）到6（表示星期六）
z	年份中的第几天	0到365
星期	—	—
W	ISO-8601格式年份中的第几周，每周从星期一开始（PHP 4.1.0新加）	例如，42（当年的第42周）
月	—	—
F	月份，完整的文本格式，例如January或者March	January到December
m	数字表示的月份，有前导零	01到12
M	3个字母缩写表示的月份	Jan到Dec
n	数字表示的月份，没有前导零	1到12
t	指定的月份有几天	28到31
年	—	—
L	是否为闰年	如果是闰年为1，否则为0
o	ISO-8601格式年份数字。这和Y的值相同，如果ISO的星期数（W）属于前一年或下一年，则用那一年（PHP 5.1.0新加）	Examples:1999or2003
Y	4 位数字完整表示的年份	例如，1999或2003
y	2 位数字表示的年份	例如，99或03
时间	—	—
a	小写的上午和下午值	am或pm
A	大写的上午和下午值	AM或PM
B	Swatch Internet标准时	000到999
g	小时，12小时格式，没有前导零	1到12
G	小时，24小时格式，没有前导零	0到23
h	小时，12小时格式，有前导零	01到12

format字符	说　明	返回值示例
H	小时，24小时格式，有前导零	00到23
i	有前导零的分钟数	00到59>
s	秒数，有前导零	00到59>
u	毫秒（PHP 5.2.2新加）。需要注意的是，date()函数总是返回000000，因为它只接受integer参数，而DateTime::format()才支持毫秒	示例：654321
时区	—	—
e	时区标识（PHP 5.1.0新加）	例如，UTC，GMT，Atlantic/Azores
I	是否为夏令时	如果是夏令时，为1；否则为0
O	与格林尼治时间（GMT）相差的小时数	例如，+0200
P	与格林尼治时间（GMT）的差别，小时和分钟之间由冒号分隔（PHP 5.1.3新加）	例如，+02:00
T	本机所在的时区	例如，EST，MDT（在Windows下为完整文本格式，如“Eastern Standard Time”，中文版会显示“中国标准时间”）
Z	时差偏移量的秒数。UTC西边的时区偏移量总是负的，UTC东边的时区偏移量总是正的	-43200到43200
完整的日期/时间	—	—
c	ISO-8601 格式的日期（PHP 5.0.0新加）	2004-02-12T15:19:21+00:00
r	RFC 822格式的日期	例如，Thu, 21 Dec 2000 16:01:07 +0200
U	从Unix纪元（January 1 1970 00:00:00 GMT）开始至今的秒数	参见time()

（33）microtime：返回当前 Unix 时间戳和微秒数。

语法格式如下。

```
microtime ([ bool $get_as_float ] ) : mixed
```

参数说明如下。

- $get_as_float：可选参数。当设置为true时，规定函数应该返回浮点数，否则返回字符串。默认为 false。

microtime( )为当前Unix时间戳及微秒数。本函数仅在支持 gettimeofday( )系统调用的操作系统下可用。如果调用时不带可选参数，本函数以“msec sec”的格式返回一个字符串。其中，sec是自 Unix纪元（格林尼治时间，1970 年 1 月 1 日，00:00:00）起到现在的秒数，

msec 是微秒部分。字符串的两部分都是以“秒”为单位返回的。如果给出 get_as_float 参数并且其值等价于 true，microtime( ) 将返回一个浮点数。

（34）time：返回当前的 Unix 时间戳。

语法格式如下。

```
time () : int
```

返回自从 Unix 纪元（格林尼治时间，1970 年 1 月 1 日，00:00:00）到当前时间的秒数。

（35）file_exists：检查文件或目录是否存在。

语法格式如下。

```
file_exists ( string $filename ) : bool
```

检查文件或目录是否存在。

参数说明如下。

- $filename：文件或目录的路径。在 Windows 中要用 //computername/share/filename 或者 \\computername\share\filename 来检查网络中的共享文件。

（36）mkdir：新建目录。

语法格式如下。

```
mkdir ( string $pathname [, int $mode = 0777 [, bool $recursive =
false [, resource $context ]]] ) : bool
```

尝试新建一个由 pathname 指定的目录。

参数说明如下。

- $pathname：目录的路径。
- $mode：mode 默认是 0777，意味着最大可能的访问权。mode 在 Windows 下被忽略。

注意

如果想用八进制数指定模式（也就是说，该数应以零开头），模式也会被当前的 umask 修改，可以用 umask() 来改变。

- $recursive：允许递归创建由 pathname 所指定的多级嵌套目录。
- $context：在 PHP 5.0.0 中增加了对上下文（Context）的支持。

（37）rmdir：删除目录。

语法格式如下。

```
rmdir ( string $dirname [, resource $context ] ) : bool
```

尝试删除 dirname 所指定的目录。 该目录必须是空的，而且要有相应的权限。 删除失败时会产生一个 E_WARNING 级别的错误。

参数说明如下。

- $dirname：目录的路径。
- $context：在 PHP 5.0.0 中增加了对上下文（context）的支持。

（38）rename：重命名一个文件或目录。

语法格式如下。

```
rename ( string $oldname , string $newname [, resource $context ] ) : bool
```

尝试将 oldname 重命名为 newname。

参数说明如下。

- $oldname：用于 oldname 中的封装协议必须和用于 newname 中的相匹配。
- $newname：新的名字。
- $context：在 PHP 5.0.0 中增加了对上下文（context）的支持。

（39）fopen：打开文件或者 URL。

语法格式如下。

```
fopen ( string $filename , string $mode [, bool $use_include_path =
false [, resource $context ]] ) : resource
```

参数说明如下。

- $filename：文件路径。
- $mode：操作权限，如表2-16所示。

表2-16　操作权限

mode	说　明
'r'	只读方式打开，将文件指针指向文件头
'r+'	读写方式打开，将文件指针指向文件头
'w'	写入方式打开，将文件指针指向文件头并将文件大小截为零。如果文件不存在，则尝试创建之
'w+'	读写方式打开，将文件指针指向文件头并将文件大小截为零。如果文件不存在，则尝试创建之
'a'	写入方式打开，将文件指针指向文件末尾。如果文件不存在，则尝试创建之
'a+'	读写方式打开，将文件指针指向文件末尾。如果文件不存在，则尝试创建之
'x'	创建并以写入方式打开，将文件指针指向文件头。如果文件已存在，则fopen()调用失败并返回false，并生成一条E_WARNING级别的错误信息。如果文件不存在，则尝试创建之。这和为底层的open(2)系统调用指定O_EXCL|O_CREAT标记是等价的
'x+'	创建并以读写方式打开，其他的行为与'x'一样

fopen() 将 filename 指定的名字资源绑定到一个流上。

（40）file_get_contents：将整个文件读入一个字符串。

语法格式如下。

```
file_get_contents ( string $filename [, bool $use_include_path = fals
e [, resource $context [, int $offset = -1 [, int $maxlen ]]]] ) : string
```

和 file() 一样，只除了 file_get_contents() 把文件读入一个字符串。在参数 offset 所指定的位置开始读取长度为 maxlen 的内容。如果失败，file_get_contents( ) 将返回 false。file_get_contents( ) 函数是用来将文件的内容读入到一个字符串中的首选方法。如果操作系统支持，还会使用内存映射技术来增强性能。

参数说明如下。

- $filename：要读取的文件的名称。

（41）file_put_contents ： 将一个字符串写入文件。

语法格式如下。

```
file_put_contents ( string $filename , mixed $data [, int $flags =
0 [, resource $context ]] ) : int
```

与依次调用 fopen()、fwrite() 及 fclose() 功能相同。

参数说明如下。

- $filename：要被写入数据的文件名。
- $data：要写入的数据。类型可以是 string、array 或者是 stream 资源。如果将 data 指定为 stream 资源，stream 中所保存的缓存数据将被写入到指定文件中，这种用法类似于使用stream_copy_to_stream( ) 函数。参数 data 可以是数组（但不能为多维数组），这就相当于 `file_put_contents($filename, join('', $array))`。
- $flags：flags 的值可以是表2-17中 flag 使用 OR (|) 运算符进行的组合。
- $context：一个 context 资源。

表2-17　flag设置值

flag值	描　　述
FILE_USE_INCLUDE_PATH	在 include目录里搜索 filename
FILE_APPEND	如果文件 filename已经存在，追加数据而不是覆盖
LOCK_EX	在写入时获得一个独占锁

（42）fclose：关闭一个已打开的文件指针。

语法格式如下。

```
fclose ( resource $handle ) : bool
```

将 handle 指向的文件关闭。

参数说明如下。

- $handle：文件指针必须有效，并且是通过 fopen( ) 或 fsockopen( ) 成功打开的。

注意　以上是PHP内置的字符串函数、时间函数和文件函数。

2. 自定义函数

语法格式如下。

```
function function_name ([$arg_1],[$arg_2], ... ,[$arg_n]){
```

```
    fun_body;
[return arg_n;]
}
```

1）函数的调用

```
<?php
     /*  声明自定义函数  */
     function example($num){
   return "$num * $num = "$num * $num;
       }
      echo example(10);
?>
```

2）自定义函数的参数

参数传递方式如图2-2所示。

参数传递方式 → 按值传递 / 按引用传递 / 默认参数

图2-2　参数传递方式

按值传递如下。

```
<?php
function example( $m ){
       $m = $m * 5 + 10;
       echo "在函数内：\$m = ".$m;
}
$m = 1;
example( $m ) ;
echo "<p>在函数外 \$m = $m <p>" ;
?>
```

按引用传递如下。

```
<?php
function example( &$m ){
       $m = $m * 5 + 10;
       echo "在函数内：\$m = ".$m;
}
$m = 1;
example( $m ) ;
echo "<p>在函数外：\$m = $m <p>" ;
?>
```

默认参数如下。

```
<?php
function values($price,$tax=""){
        $price=$price+($price*$tax);
        echo "价格:$price<br>";
}
values(100,0.25);
values(100);
?>
```

当使用默认参数时，默认参数必须放在非默认参数的右侧；否则，函数将可能出错。

自定义函数通常将返回值传递给调用者的方式是使用return语句。

```
<?php
function values($price,$tax=0.65){
        $price=$price+($price*$tax);
        return $price;
}
echo values(100);
?>
```

变量的作用域如表2-18所示。

表2-18　变量的作用域

作 用 域	说　　明
全局变量	被定义在所有函数以外的变量，其作用域是整个PHP文件，但是在用户自定义函数内部是不可用的。要想在用户自定义函数内部使用全局变量，就要使用global关键词声明，或者通过使用全局数组$globals进行访问
局部变量	在函数的内部定义的变量，这些变量只限于在函数内部使用，在函数外部不能被使用
静态变量	能够在函数调用结束后仍保留变量值，当再次回到其作用域时，又可以继续使用原来的值。一般变量在函数调用结束后，其存储的数据值将被清除，所占的内存空间将被释放。使用静态变量时，先要用关键字static声明变量，需要把关键字static放在要定义的变量之前

3. 变量函数

可以将不同的函数名称赋给同一个变量，赋给变量哪个函数名，在程序中使用变量名并在后面加上圆括号时就执行哪个函数。

大多数函数都可以将函数名赋值给变量，形成变量函数。但变量函数不能用于语言结构，例如echo()、print()、unset()、isset()、empty()、include()、require()，以及类似的语句。

 2.2.10 PHP文件的引用

PHP中文件引用的语句包括include语句、require语句。

1. include 语句

语法格式如下。

```
void include(string filename);
```

参数说明如下。

- filename：文件路径。

included.php文件代码如下。

```
<?php
$bookname = "PHP开发实战宝典";
echo "这是被引用的文件";
?>
```

index.php文件代码如下。

```
<?php
include("included.php");
echo "<br />".$bookname;
?>
```

2. require 语句

require 语句的使用方法与 include 语句类似，都是实现对外部文件的引用。语法格式如下。

```
void require(string filename);
```

3. include 语句和 require 语句的比较

include语句和require语句的比较如下。

（1）在使用require语句调用文件时，如果调用的文件没找到，require语句会输出错误信息，并且立即终止脚本的处理；include语句在没有找到文件时则会输出警告，不会终止脚本的处理。

（2）使用require语句调用文件时，只要程序一执行，就会立刻调用外部文件；使用include语句调用外部文件时，只有程序执行到该语句时才会调用外部文件。

4. include_once 语句和 require_once 语句

include_once语句的语法格式如下。

```
void include_once (string filename);
```

require_once语句的语法格式如下。

```
void require_once (string filename);
```

 2.2.11 数组

通常在变量中保存的是单个数据，而在数组中保存的是多个变量的集合。使用数组的目的就是将多个相互关联的数据组织在一起形成一个整体，作为一个单元使用。如图2-3所示。

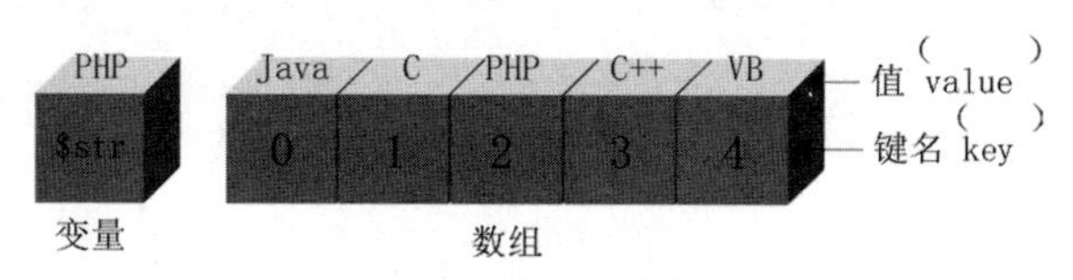

图2-3　变量和数组

在PHP中将数组分为一维数组、二维数组和多维数组。无论是一维还是多维，都可以统一将数组分为两种，即数字索引数组（indexed array）和关联数组（associative array）。

- 数字索引数组：下标（键名）由数字组成，默认从0开始。

```
$arr_int = array ("PHP入门与实战","C#入门与实战","VB入门与实战");
```

- 关联数组：关联数组的键名可以是数字和字符串混合的形式。

```
$arr_string = array ("PHP"=>"PHP入门与实战","Java"=>"Java入门与实战",
"C#"=>"C#入门与实战");
```

1. 数组创建

通过数组标识符 [] 创建数组。在PHP中一种比较灵活的数组声明方式是通过数组标识符 [] 直接为数组元素赋值。语法格式如下。

```
$arr[key] = value;
$arr[] = value;
```

使用array()函数创建数组。语法格式如下。

```
array array ( [mixed ...])
```

参数mixed的格式为“key => value”，多个参数之间用英文逗号分开。

（1）数组中的索引（key）可以是字符串或数字。

（2）数组中的各数据元素的数据类型可以不同，也可以是数组类型。

2. 数组遍历

（1）使用foreach循环遍历数组。

（2）通过数组函数list( )和each( )遍历数组：list( )函数将数组中的值赋给一些变量。each()函数返回数组中当前指针位置的键名和对应的值，并向前移动数组指针。

3. 数组输出

print_r()函数，语法格式如下。

```
bool print_r ( mixed expression )
```

var_dump()函数，语法格式如下。

```
void var_dump( mixed expression [,mixed expression [,…]])
```

4. 数组函数

（1）array_change_key_case：将数组中的所有键名修改为全大写或小写。

语法格式如下。

```
array_change_key_case ( array $array [, int $case = CASE_LOWER ] ) : array
```

array_change_key_case( ) 将 array 数组中的所有键名改为全小写或大写。本函数不改变数字索引。

参数说明如下。

- $array：需要操作的数组。
- $case：可以在这里使用两个常量，即CASE_UPPER 或 CASE_LOWER（默认值）。

```
<?php
$array = array("Fir" => 1, "Sec" => 4);
print_r(array_change_key_case($array, CASE_UPPER));
?>
```

输出：

```
Array
(
    [FIR] => 1
    [SEC] => 4
)
```

（2）array_chunk：将一个数组分割成多个。

语法格式如下。

```
array_chunk ( array $array , int $size [, bool $preserve_keys = false ] ) : array
```

将一个数组分割成多个数组，其中每个数组的单元数目由 size 决定。最后一个数组的单元数目可能会少于 size 个。

参数说明如下。

- $array：需要操作的数组。
- $size：每个数组的单元数目。
- $preserve_keys：设置为 true，可以使 PHP 保留输入数组中原来的键名。如果指定为 false，那么每个结果数组将用从零开始的新数字索引。默认值是 false。

```
<?php
$array = array('aa', 'bb', 'cc', 'dd', 'ee');
print_r(array_chunk($array, 2));
?>
```

输出：

```
Array
(
```

```
    [0] => Array
        (
            [0] => aa
            [1] => bb
        )
    [1] => Array
        (
            [0] => cc
            [1] => dd
        )
    [2] => Array
        (
            [0] => ee
        )
)
```

（3）array_column：返回数组中指定的一列。

语法格式如下。

```
array_column ( array $input , mixed $column_key [, mixed $index_
key = null ] ) : array
```

array_column( ) 返回input数组中键值为column_key的列。如果指定了可选参数index_key，那么input数组中这一列的值将作为返回数组中对应值的键。

参数说明如下。

- $input：需要取出数组列的多维数组。如果提供的是包含一组对象的数组，则只有public属性会被直接取出。为了也能取出 private 和 protected 属性，类必须实现 __get() 和 __isset() 魔术方法。
- $column_key：需要返回值的列，它可以是索引数组的列索引，或者是关联数组的列的键，也可以是属性名。可以是NULL，此时将返回整个数组（配合index_key参数重置数组键时非常管用）。
- $index_key：作为返回数组的索引/键的列，可以是该列的整数索引，或者字符串键值。

```
<?php
$rec = array(
    array(
        'id' => 1,
        'first_name' => 'John',
        'last_name' => 'Doe',
    ),
```

```
    array(
        'id' => 2,
        'first_name' => 'Sally',
        'last_name' => 'Smith',
    ),
    array(
        'id' => 3,
        'first_name' => 'Jane',
        'last_name' => 'Jones',
    ),
    array(
        'id' => 4,
        'first_name' => 'Peter',
        'last_name' => 'Doe',
    )
);
$names = array_column($rec, 'first_name');
print_r($names);
?>
```

输出：

```
Array
(
   [0] => John
   [1] => Sally
   [2] => Jane
   [3] => Peter
)
```

（4）array_combine：创建一个数组，用一个数组的值作为其键名，另一个数组的值作为其值。

语法格式如下。

```
array_combine ( array $keys , array $values ) : array
```

返回一个 array，用来自 keys 数组的值作为键名，来自 values 数组的值作为相应的值。

参数说明如下。

- $keys：将被作为新数组的键。非法的值会被转换为字符串类型（string）。
- $values：将被作为 array 的值。

```
<?php
$a = array('green', 'red', 'yellow');
```

```
$b = array('avocado', 'apple', 'banana');
$c = array_combine($a, $b);
print_r($c);
?>
```

输出：

```
Array
(
    [green]  => avocado
    [red]    => apple
    [yellow] => banana
)
```

（5）array_count_values：统计数组中所有的值。

语法格式如下。

```
array_count_values ( array $array ) : array
```

array_count_values() 返回一个数组。数组的键是 array 里单元的值；数组的值是 array 单元的值出现的次数。

参数说明如下。

- $array：统计这个数组的值。

```
<?php
$array = array(1, "hello", 1, "world", "hello");
print_r(array_count_values($array));
?>
```

输出：

```
Array
(
    [1] => 2
    [hello] => 2
    [world] => 1
)
```

（6）array_diff_assoc：带索引检查计算数组的差集。

语法格式如下。

```
array_diff_assoc ( array $array1 , array $array2 [, array $... ] ) : array
```

array_diff_assoc() 返回一个数组，该数组包括所有在 array1 中但是不在任何其他参数数组中的值。注意，与 array_diff() 不同的是，array_diff_assoc() 的键名也用于比较。

参数说明如下。

- $array1：从这个数组进行比较。

● $array2：被比较的数组。
● $...：更多被比较的数组。

```
<?php
$array1 = array("a" => "green", "b" => "brown", "c" => "blue", "red");
$array2 = array("a" => "green", "yellow", "red");
$result = array_diff_assoc($array1, $array2);
print_r($result);
?>
```

输出：

```
Array
(
    [b] => brown
    [c] => blue
    [0] => red
)
```

（7）array_diff_key：使用键名比较计算数组的差集。

语法格式如下。

```
array_diff_key ( array $array1 , array $array2 [, array $... ] ) : array
```

用 array1 中的键名与 array2 进行比较，返回不同键名的项。 本函数和 array_diff( ) 相同，只除了比较是根据键名而不是值来进行的。

参数说明如下。

● $array1：从这个数组进行比较。
● $array2：针对此数组进行比较。
● $...：更多被比较的数组。

```
<?php
$array1 = array('blue'  => 1, 'red'  => 2, 'green'  => 3, 'purple' => 4);
$array2 = array('green' => 5, 'blue' => 6, 'yellow' => 7, 'cyan' => 8);
var_dump(array_diff_key($array1, $array2));
?>
```

输出：

```
array(2) {
  ["red"]=>
  int(2)
  ["purple"]=>
  int(4)
}
```

（8）array_diff：计算数组的差集。

语法格式如下。

```
array_diff ( array $array1 , array $array2 [, array $... ] ) : array
```

对比 array1 和其他一个或者多个数组，返回在 array1 中但是不在其他array 中的值。

参数说明如下。

- $array1：要被对比的数组。
- $array2：和这个数组进行比较。
- $...：更多被比较的数组。

```
<?php
$array1 = array("a" => "green", "red", "blue", "red");
$array2 = array("b" => "green", "yellow", "red");
$result = array_diff($array1, $array2);
print_r($result);
?>
```

与在第一个参数 $array1 中多次出现的值一样处理，输出结果为：

```
Array
(
    [1] => blue
)
```

（9）array_fill_keys：使用指定的键和值填充数组。

语法格式如下。

```
array_fill_keys ( array $keys , mixed $value ) : array
```

使用 value 参数的值作为值，使用 keys 数组的值作为键来填充一个数组。

参数说明如下。

- $keys：使用该数组的值作为键。非法值将被转换为字符串。
- $value：填充使用的值。

```
<?php
$keys = array('foo', 5, 10, 'bar');
$a = array_fill_keys($keys, 'banana');
print_r($a);
?>
```

输出：

```
Array
(
    [foo] => banana
    [5] => banana
```

```
    [10] => banana
    [bar] => banana
)
```

（10）array_fill：用给定的值填充数组。

语法格式如下。

```
array_fill ( int $start_index , int $num , mixed $value ) : array
```

array_fill( ) 使用 value 参数的值将一个数组填充 num 个条目，键名由第一个参数$start_index 指定并作为返回数组的开始索引值。

参数说明如下。

- $start_index：返回的数组的第一个索引值。如果 start_index 是负数，那么返回的数组的第一个索引将会是 start_index ，而后面索引则从0开始。
- $num：插入元素的数量，必须大于或等于0。
- $value：用来填充的值。

```
<?php
$a = array_fill(5, 6, apple);
$b = array_fill(-2, 4, 'pear');
print_r($a);
print_r($b);
?>
```

输出：

```
Array
(
    [5]  => apple
    [6]  => apple
    [7]  => apple
    [8]  => apple
    [9]  => apple
    [10] => apple
)
Array
(
    [-2] => pear
    [0] => pear
    [1] => pear
    [2] => pear
)
```

（11）array_flip：交换数组中的键和值。

语法格式如下。

```
array_flip ( array $array ) : array
```

array_flip( ) 返回一个反转后的 array。例如， array 中的键名变成了值，而 array 中的值成了键名。

注意 array 中的值需要能够作为合法的键名（例如，需要是 integer 或者 string）。如果类型不对，将出现一个警告，并且有问题的键/值对将不会出现在结果里。如果同一个值出现多次，则最后一个键名将作为它的值，其他键会被丢弃。

参数说明如下。

- $array：要交换键/值对的数组。

```
<?php
$input = array("oranges", "apples", "pears");
$flipped = array_flip($input);print_r($flipped);
?>
```

输出：

```
Array
(
    [oranges] => 0
    [apples] => 1
    [pears] => 2
)
```

（12）array_key_exists：检查数组里是否有指定的键名或索引。

语法格式如下。

```
array_key_exists ( mixed $key , array $array ) : bool
```

数组里有键 key 时，array_key_exists( ) 返回 true。 key 可以是任何能作为数组索引的值。

参数说明如下。

- $key：要检查的键。
- $array：一个数组，包含待检查的键。

```
<?php
$search_array = array('first' => 1, 'second' => 4);
if (array_key_exists('first', $search_array)) {
    echo "The 'first' element is in the array";
}
?>
```

（13）array_keys：返回数组中部分的或所有的键名。

语法格式如下。

```
array_keys ( array $array [, mixed $search_value = null [, bool $strict =
false ]] ) : array
```

array_keys( ) 返回 input 数组中的数字或者字符串的键名。如果指定了可选参数 search_value，则只返回该值的键名；否则，input 数组中的所有键名都会被返回。

参数说明如下。

- $array：一个数组，包含要返回的键。
- $search_value：如果指定了这个参数，则只有包含这些值的键才会返回。
- $strict：判断在搜索的时候是否该使用严格的比较（===）。

```
<?php
$array = array(0 => 100, "color" => "red");
print_r(array_keys($array));
?>
```

输出：

```
Array
(
    [0] => 0
    [1] => color
)
```

（14）array_values： 返回数组中所有的值。

语法格式如下。

```
array_values ( array $array ) : array
```

array_values( ) 返回 input 数组中所有的值并为其建立数字索引。

参数说明如下。

- $array：数组。

```
<?php
$array = array("size" => "XL", "color" => "gold");
print_r(array_values($array));
?>
```

输出：

```
Array
(
    [0] => XL
    [1] => gold
)
```

（15）array_merge：合并一个或多个数组。

语法格式如下。

```
array_merge ( array $array1 [, array $... ] ) : array
```

array_merge( ) 将一个或多个数组的单元合并起来，一个数组中的值附加在前一个数组的后面，返回作为结果的数组。如果输入的数组中有相同的字符串键名，则该键名后面的值将覆盖前一个值；如果数组中包含数字键名，则后面的值将不会覆盖原来的值，而是附加到后面；如果只给了一个数组并且该数组是数字索引的，则键名会以连续方式重新索引。

参数说明如下。

- $array1：要合并的第一个数组。
- $...：要合并的数组列表。

```
<?php
$array1 = array("color" => "red", 2, 4);
$array2 = array ("a", "b", "color" => "green", "shape" => "trapezoid", 4);
$result = array_merge($array1, $array2);print_r($result);
?>
```

输出：

```
Array
(
    [color] => green
    [0] => 2
    [1] => 4
    [2] => a
    [3] => b
    [shape] => trapezoid
    [4] => 4
)
```

（16）array_multisort：对多个数组或多维数组进行排序。

语法格式如下。

```
array_multisort ( array &$array1 [, mixed $array1_sort_order = SORT_
ASC [, mixed $array1_sort_flags = SORT_REGULAR [, mixed $... ]]] ) : bool
```

array_multisort( ) 可以用来一次对多个数组进行排序，或者根据某一维或多维对多维数组进行排序。关联（string）键名保持不变，但数字键名会被重新索引。

参数说明如下。

- $array1：要排序的 array。
- $array1_sort_order：之前 array 参数要排列的顺序。SORT_ASC 按照上升顺序排序，SORT_DESC 按照下降顺序排序。此参数可以和 array1_sort_flags 互换，也可以完全删除，默认是 SORT_ASC 。

- $array1_sort_flags：为 array 参数设定选项。排序类型标志如表2-19所示。

表2-19　排序类型标志

标　志	描　述
SORT_REGULAR	将项目按照通常方法比较（不修改类型）
SORT_NUMERIC	按照数字大小比较
SORT_STRING	按照字符串比较
SORT_LOCALE_STRING	根据当前的本地化设置，按照字符串比较。它会使用locale信息，可以通过 setlocale() 修改此信息
SORT_NATURAL	字符串采用“自然排序”，类似 natsort()
SORT_FLAG_CASE	可以组合（按位或OR）SORT_STRING 或者 SORT_NATURAL大、小写不敏感的方式排序字符串 参数可以和array1_sort_order交换或者省略，默认情况下是SORT_REGULAR
...	可选的选项，可提供更多数组，跟随在 sort order 和 sort flag之后。提供的数组和之前的数组要有相同数量的元素。换言之，排序是按字典顺序排列的

```
<?php
$ar1 = array(10, 100, 100, 0);
$ar2 = array(1, 3, 2, 4);
array_multisort($ar1, $ar2);

var_dump($ar1);
var_dump($ar2);
?>
```

输出：

```
array(4) {
  [0]=> int(0)
  [1]=> int(10)
  [2]=> int(100)
  [3]=> int(100)
}
array(4) {
  [0]=> int(4)
  [1]=> int(1)
  [2]=> int(2)
  [3]=> int(3)
}
```

（17）array_pad：以指定长度将一个值填充进数组。

语法格式如下。

```
array_pad ( array $array , int $size , mixed $value ) : array
```

array_pad( )返回 array 的一个副本，并用 value 将其填补到 size 指定的长度。如果 size 为正，则填补到数组的右侧；如果 size 为负，则从左侧开始填补。如果 size 的绝对值小于或等于 array 数组的长度，则没有任何填补。有可能一次最多填补 1 048 576 个单元。

参数说明如下。

- $array：需要被填充的原始数组。
- $size：新数组的长度。
- $value：将被填充的值。只有在 array 的现有长度小于 size 的长度时才有效。

```
<?php
$input = array(12, 10, 9);
$result = array_pad($input, 5, 0);
$result = array_pad($input, -7, -1);
$result = array_pad($input, 2, "noop");
?>
```

（18）array_pop ： 弹出数组最后一个单元（出栈）。

语法格式如下。

```
array_pop ( array $array ) : mixed
```

array_pop() 弹出并返回 array 数组的最后一个单元，并将数组 array 的长度减一。

使用此函数后会重置（reset( )）array 指针。

参数说明如下。

- $array：需要弹出栈的数组。

```
<?php
$stack = array("orange", "banana", "apple", "raspberry");
$fruit = array_pop($stack);
print_r($stack);
?>
```

输出：

```
Array
(
    [0] => orange
    [1] => banana
    [2] => apple
)
```

（19）array_product：计算数组中所有值的乘积。

语法格式如下。

```
array_product ( array $array ) : number
```

array_product() 以整数或浮点数返回一个数组中所有值的乘积。

参数说明如下。

- $array：一个数组。

```
<?php

   $a = array(2, 4, 6, 8);
   echo "product(a) = " . array_product($a) . "\n";
   echo "product(array()) = " . array_product(array()) . "\n";

?>
```

输出：

```
product(a) = 384
product(array()) = 1
```

（20）array_push：将一个或多个单元压入数组的末尾（入栈）。

语法格式如下。

```
array_push ( array $array , mixed $value1 [, mixed $... ] ) : int
```

array_push( ) 将 array 当成一个栈，并将传入的变量压入 array 的末尾。array 的长度将根据入栈变量的数目增加。具体运行原理如下。

```
<?php
$array[] = $var;
?>
```

对每个传入的值重复以上动作。

如果用 array_push( ) 为数组增加一个单元，还不如用 $array[] =，因为这样没有调用函数的额外负担。

如果第一个参数不是数组，array_push( ) 将发出一条警告。这和 $var[] 的行为不同，后者会新建一个数组。

参数说明如下。

- $array：输入的数组。
- $value1：要压入 array 末尾的第一个值。

```
<?php
$stack = array("orange", "banana");
```

```
array_push($stack, "apple", "raspberry");
print_r($stack);
?>
```

输出：

```
Array
(
    [0] => orange
    [1] => banana
    [2] => apple
    [3] => raspberry
)
```

（21）array_rand：从数组中随机地取出一个或多个单元。

语法格式如下。

```
array_rand ( array $array [, int $num = 1 ] ) : mixed
```

从数组中随机地取出一个或多个单元，并返回随机条目的一个或多个键。它使用伪随机数产生算法，所以不适合密码学场景。

参数说明如下。

- $array：输入的数组。
- $num：指明想取出的单元数。

```
<?php
$input = array("Neo", "Morpheus", "Trinity", "Cypher", "Tank");
$rand_keys = array_rand($input, 2);
echo $input[$rand_keys[0]] . "\n";
echo $input[$rand_keys[1]] . "\n";
?>
```

（22）array_replace：使用传递的数组替换第一个数组的元素。

语法格式如下。

```
array_replace ( array $array1 [, array $... ] ) : array
```

array_replace( )函数是使用后面数组的值替换第一个数组的值，如果一个键存在于第一个数组，同时也存在于第二个数组，它的值将被第二个数组中的值替换。如果一个键存在于第二个数组，但是不存在于第一个数组，则会在第一个数组中创建这个元素。如果一个键仅存在于第一个数组，它将保持不变。如果传递了多个替换数组，它们将被按顺序依次处理，后面的数组将覆盖之前的值。array_replace( ) 是非递归的，它将第一个数组的值进行替换而不管第二个数组中是什么类型。

参数说明如下。

- $array1：替换该数组的值。

- $...：包含要提取元素的数组。后面的数组里的值会覆盖前面的值。

```
<?php
$base = array("orange", "banana", "apple", "raspberry");
$replacements = array(0 => "pineapple", 4 => "cherry");
$replacements2 = array(0 =>  "grape");
$basket = array_replace($base, $replacements, $replacements2);
print_r($basket);
?>
```

输出：

```
Array
(
    [0] => grape
    [1] => banana
    [2] => apple
    [3] => raspberry
    [4] => cherry
)
```

（23）array_search：在数组中搜索给定的值，如果成功则返回首个相应的键名。

语法格式如下。

```
array_search ( mixed $needle , array $haystack [, bool $strict =
false ] ) : mixed
```

参数说明如下。

- $needle：搜索的值。

注意　如果 needle 是字符串，则比较以区分大、小写的方式进行。

- $haystack：传递一个数组。
- $strict：如果可选的第三个参数 strict 为 true，则 array_search() 将在 haystack 中检查完全相同的元素。这意味着同样严格比较 haystack 里 needle 的类型，并且对象需是同一个实例。

```
<?php
$array = array(0 => 'blue', 1 => 'red', 2 => 'green', 3 => 'red');
$key = array_search('green', $array); // $key = 2;
$key = array_search('red', $array);   // $key = 1;
?>
```

（24）array_shift：将数组开头的单元移出数组。

语法格式如下。

```
array_shift ( array $array ) : mixed
```

array_shift( ) 将 array 的第一个单元移出并作为结果返回，将 array 的长度减1并将所有其他单元向前移动一位。所有的数字键名将改为从零开始计数，文字键名将不变。

注意 使用此函数后会重置（reset()）array 指针。

参数说明如下。

- $array：输入的数组。

```
<?php
$stack = array("orange", "banana", "apple", "raspberry");
$fruit = array_shift($stack);
print_r($stack);
?>
```

输出：

```
Array
(
    [0] => banana
    [1] => apple
    [2] => raspberry
)
```

（25）array_slice：从数组中取出一段。

语法格式如下。

```
array_slice ( array $array , int $offset [, int $length = NULL [,
bool $preserve_keys = false ]] ) : array
```

array_slice( ) 返回根据 offset 和 length 参数所指定的 array 数组中的一段序列。

参数说明如下。

- $array：输入的数组。
- $offset：如果参数 $offset 值为非负，则序列将从参数 $array 的值（偏移量）开始。如果参数 $offset 值为负，则序列将从参数 $array 中距离末端数值为-offset的地方开始。
- $length：如果给出 length 并且为正，则序列中将具有这么多的单元。如果给出 length 并且为负，则序列将终止在距离数组末端这么远的地方。如果省略，则序列将从 offset 开始一直到 array 的末端。
- $preserve_keys：array_slice( ) 默认会重新排序并重置数组的数字索引，可以通过将 preserve_keys 设置为 true 来改变此行为。

```
<?php
$input = array("a", "b", "c", "d", "e");
$output = array_slice($input, 2);        //返回"c" "d" "e"
$output = array_slice($input, -2, 1);    //返回"d"
$output = array_slice($input, 0, 3);     //返回"a" "b" "c"
print_r(array_slice($input, 2, -1));
print_r(array_slice($input, 2, -1, true));
?>
```

输出：

```
Array
(
   [0] => c
   [1] => d
)
Array
(
   [2] => c
   [3] => d
)
```

（26）array_splice：去掉数组中的某一部分并用其他值取代。

语法格式如下。

```
array_splice ( array &$input , int $offset [, int $length = count
($input) [, mixed $replacement = array() ]] ) : array
```

将 input 数组中由 offset 和 length 指定的单元去掉，如果提供了 replacement 参数，则用其中的单元取代。

参数说明如下。

- $input：输入的数组。
- $offset：如果 offset 为正，则从 input 数组中该值指定的偏移量开始移除；如果 offset 为负，则从 input 末尾倒数该值绝对值指定的偏移量开始移除。
- $length：如果省略 length，则移除数组中从 offset 到结尾的所有部分。如果指定 length 并且为正值，则移除这么多单元。如果指定 length 并且为负值，则移除从 offset 到数组末尾倒数-length 为止中间所有的单元。如果设置 length 为零，不会移除单元。

当给出了 replacement，要移除从 offset 到数组末尾的所有单元时，用 count($input) 作为 length。

- $replacement：如果给出了 replacement 数组，则被移除的单元被此数组中的单元替代。如果 offset 和 length 的组合结果是不会移除任何值，则 replacement 数组中的单元将被插入到 offset 指定的位置，注意替换数组中的键名不保留。如果用来替换 replacement 的只有一个单元，那么不需要给它加上 array( )，除非该单元本身就是一个数组、一个对象或者 NULL。

```
<?php
$input = array("red", "green", "blue", "yellow");
array_splice($input, 2);

$input = array("red", "green", "blue", "yellow");
array_splice($input, 1, -1);

$input = array("red", "green", "blue", "yellow");
array_splice($input, 1, count($input), "orange");

$input = array("red", "green", "blue", "yellow");
array_splice($input, -1, 1, array("black", "maroon"));

$input = array("red", "green", "blue", "yellow");
array_splice($input, 3, 0, "purple");
?>
```

（27）array_sum：对数组中所有值求和。

语法格式如下。

```
array_sum ( array $array ) : number
```

array_sum() 将数组中的所有值相加，并返回结果。

参数说明如下。

- $array：输入的数组。

```
<?php
$a = array(2, 4, 6, 8);
echo "sum(a) = " . array_sum($a) . "\n";
$b = array("a" => 1.2, "b" => 2.3, "c" => 3.4);
echo "sum(b) = " . array_sum($b) . "\n";
?>
```

输出：

```
sum(a) = 20
sum(b) = 6.9
```

（28）array_unique：移除数组中重复的值。

语法格式如下。

```
array_unique ( array $array [, int $sort_flags = SORT_STRING ] ) : array
```

array_unique( ) 接受 array 作为输入并返回没有重复值的新数组。注意键名保持不变。array_unique( ) 先将值作为字符串排序，然后对每个值只保留第一个遇到的键名，然后忽略后面所有的键名。这并不意味着在未排序的 array 中同一个值第一个出现的键名会被保留。

注意

当且仅当 (string) $elem1 === (string) $elem2 时，两个单元被认为相同。例如，字符串表达一样时会使用首个元素。

参数说明如下。

- $array：输入的数组。
- $sort_flags：第二个可选参数sort_flags 可用于修改排序方法。排序类型标记如表2-20所示。

表2-20 排序类型标记

排序类型标记	描 述
SORT_REGULAR	按照通常方法比较（不修改类型）
SORT_NUMERIC	按照数字形式比较
SORT_STRING	按照字符串形式比较
SORT_LOCALE_STRING	根据当前的本地化设置，按照字符串比较

```
<?php
$arr = array("a" => "green", "red", "b" => "green", "blue", "red");
$result = array_unique($arr);
print_r($result);
?>
```

输出：

```
Array
(
    [a] => green
    [0] => red
    [1] => blue
)
```

（29）arsort：对数组进行逆向排序并保持索引关系。

语法格式如下。

```
arsort ( array $array [, int $sort_flags = SORT_REGULAR ] ) : bool
```

本函数对关联数组按照键值进行降序排序，主要用于对那些单元顺序很重要的关联数组进行排序。如果成功返回 true，否则返回false。

参数说明如下。

- $array：输入的数组。
- $sort_flags：可以用可选的参数 sort_flags 改变排序的行为。

```
<?php
  $fruit = array("d" => "lemon", "a" => "orange", "b" => "banana","c"
=> "apple");
  asort($fruit);
  foreach ($fruit as $key => $val) {
    echo "$key = $val".'<br/>';
  }
?>
```

输出：

```
a = orange
d = lemon
b = banana
c = apple
```

（30）asort：对数组进行排序并保持索引关系。

语法格式如下。

```
asort ( array &$array [, int $sort_flags = SORT_REGULAR ] ) : bool
```

本函数对关联数组按照键值进行降序排序，主要用于对那些单元顺序很重要的关联数组进行排序。如果成功返回 true，否则返回false。

参数说明如下。

- $array：输入的数组。
- $sort_flags：可以用可选的参数 sort_flags 改变排序的行为。

```
<?php
  $fruit= array("d" => "lemon", "a" => "orange", "b" => "banana", "c"=
> "apple");
  asort($fruit);
  foreach ($fruit as $key => $val) {
     echo "$key = $val".'<br/>';
  }
?>
```

输出：

```
c = apple
b = banana
d = lemon
a = orange
```

（31）compact：建立一个数组，包括变量名和它们的值。

语法格式如下。

```
compact ( mixed $var1 [, mixed $var2... ] ) : array
```

参数说明如下。

- var1：必需。可以是带有变量名的字符串，或者是一个变量数组。
- var2，...：可选。可以是带有变量名的字符串，或者是一个变量数组。允许多个参数。

```
<?php
  $city  = "ChongQing";
  $state = "CA";
  $event = "SIGGRAPH";
  $location_vars = array("city", "state");
  $result = compact("event", "nothing_here", $location_vars);
  print_r($result);
?>
```

输出：

```
Array
(
    [event] => SIGGRAPH
    [city] => ChongQing
    [state] => CA
)
```

（32）count：计算数组中的单元数目，或对象中的属性个数。

语法格式如下。

```
count ( mixed $array_or_countable [, int $mode = COUNT_NORMAL ] ) : int
```

参数说明如下。

- $array：必需参数。规定要计数的数组。
- $mode：可选参数。规定函数的模式。默认为0，不计算多维数组中的所有元素；1为递归地计算数组中元素的数目（计算多维数组中的所有元素）。

```
<?php
   $arr = array(1,2,3,4,5);
   echo count($arr);
?>
```

输出：

```
   5
```

（33）in_array：检查数组中是否存在某个值。

语法格式如下。

```
in_array ( mixed $needle , array $haystack [, bool $strict = FALSE ] ) : bool
```

参数说明如下。

- $needle：待搜索的值。

注意　如果 needle 是字符串，则比较是区分大、小写的。

- $haystack：待搜索的数组。
- $strict：如果第三个参数 strict 的值为 true，则 in_array( ) 函数还会检查 needle 的类型是否和 haystack 中的相同。

```
<?php
$sys = array("Mac", "NT", "Irix", "Linux");
if (in_array("Irix", $sys)) {
    echo "Got Irix";}
if (in_array("mac", $sys)) {
    echo "Got mac";
}
?>
```

第二个条件false，因为 in_array() 是区分大、小写的，显示为：

```
Got Irix
```

（34）krsort：对数组按照键名逆向排序。

语法格式如下。

```
krsort ( array $array [, int $sort_flags = SORT_REGULAR ] ) : bool
```

对数组按照键名逆向排序，保留键名到数据的关联。

参数说明如下。

- $array：输入的数组。
- $sort_flags：可选参数，可以用 sort_flags 改变排序的行为。

```
<?php
    $fruit = array("d"=>"lemon", "a"=>"orange", "b"=>"banana","c"=
>"apple");
    krsort($fruit);
    foreach ($fruit as $key => $val) {
        echo "$key = $val".'<br/>';
    }
?>
```

输出：

```
d = lemon
```

```
c = apple
b = banana
a = orange
```

（35）ksort：对数组按照键名排序。

语法格式如下。

```
ksort ( array $array [, int $sort_flags = SORT_REGULAR ] ) : bool
```

对数组按照键名排序，保留键名到数据的关联。本函数主要用于关联数组。

参数说明如下。

- $array：输入的数组。
- $sort_flags：可选参数，可以用 sort_flags 改变排序的行为。

```
<?php
  $fruit = array("d"=>"lemon", "a"=>"orange", "b"=>"banana","c"=
>"apple");
  ksort($fruit);
  foreach ($fruit as $key => $val) {
      echo "$key = $val".'<br/>';
  }
?>
```

输出：

```
a = orange
b = banana
c = apple
d = lemon
```

（36）range：根据范围创建数组，包含指定的元素。

语法格式如下。

```
range ( mixed $start , mixed $end [, number $step = 1 ] ) : array
```

参数说明如下。

- $start：序列的第一个值。
- $end：序列结束于 end 的值。
- $step：如果设置了步长 step，会被作为单元之间的步进值，step 应该为正值。不设置step，则默认为 1。

```
<?php
  // array(0, 1, 2, 3, 4, 5, 6, 7, 8, 9, 10, 11, 12,13)
  foreach (range(0, 13) as $num) {
      echo $num;
  }
?>
```

（37）rsort：对数组逆向排序。

语法格式如下。

```
rsort ( array $array [, int $sort_flags = SORT_REGULAR ] ) : bool
```

参数说明如下。

- $array：输入的数组。
- $sort_flags：可选参数，可以用 sort_flags 改变排序的行为。

```
<?php
  $fruit = array("orange", "banana", "apple");
  rsort($fruit);
  foreach ($fruit as $key => $val) {
      echo "$key = $val".'<br/>';
  }
?>
```

输出：

```
0 = orange
1 = banana
2 = apple
```

（38）shuffle：打乱数组。

语法格式如下。

```
shuffle ( array $array ) : bool
```

示例如下。

```
<?php
  $num = range(1, 20);
  shuffle($num);
  foreach ($num as $number) {
      echo "$number ";
  }
?>
```

由于输出结果每次不同，查看结果可复制代码执行。

（39）sort：对数组排序。

语法格式如下。

```
sort ( array $array [, int $sort_flags = SORT_REGULAR ] ) : bool
```

参数说明如下。

- $array：要排序的数组。
- $sort_flags：可选参数，sort_flags 可以用以下值改变排序的方式。排序类型标记如表2-21所示。

表2-21 排序类型标记

排序类型	描 述
SORT_REGULAR	正常比较单元（不改变类型）
SORT_NUMERIC	单元被作为数字来比较
SORT_STRING	单元被作为字符串来比较
SORT_LOCALE_STRING	根据当前的区域（locale）设置把单元当作字符串比较，可以用setlocale()改变
SORT_NATURAL	和natsort()类似，对每个单元以“自然的顺序”对字符串进行排序。PHP 5.4.0 中的新增功能
SORT_FLAG_CASE	能够与SORT_STRING或SORT_NATURAL合并（OR位运算），不区分大、小写排序字符串

```
<?php
  $fruit = array("lemon", "orange", "banana", "apple");
  sort($fruit);
  foreach ($fruit as $key => $val) {
      echo "fruits[" . $key . "] = " . $val . '<br/>';
  }
?>
```

输出：

```
fruits[0] = apple
fruits[1] = banana
fruits[2] = lemon
fruits[3] = orange
```

（40）usort：使用用户自定义的比较函数对数组中的值进行排序。

语法格式如下。

```
usort ( array $array , callable $value_compare_func ) : bool
```

参数说明如下。

- $array：一个数组。
- $value_compare_func：可选参数。调用一个自定义比较函数的函数名，此参数值为一个字符串。

如果此函数的第一个参数小于、等于或大于第二个参数时，该比较函数必须返回一个小于、等于或大于0的整数。

```
<?php
  function cmp($a, $b){
    if ($a == $b) {
```

```
        return 0;
    }
    return ($a < $b) ? -1 : 1;
}
$a = array(3, 2, 5, 6, 1);
usort($a, "cmp");
foreach ($a as $key => $value) {
    echo "$key: $value\n";
}
?>
```

输出：

```
0: 1
1: 2
2: 3
3: 5
4: 6
```

2.3 任务实现

2.3.1 创建相册

利用Dreamweaver创建项目2，在目录project2下新建一个文件index.php，保留该文件中的代码，利用PHP代码可以嵌入到HTML页面中的特性，具体文件内容如下。

```
<!DOCTYPE html PUBLIC "-//W3C//DTD XHTML 1.0 Transitional//EN"
"http://www.w3.org/TR/xhtml1/DTD/xhtml1-transitional.dtd">
    <html xmlns="http://www.w3.org/1999/xhtml">
    <head>
    <meta http-equiv="Content-Type" content="text/html;
charset=utf-8" />
    <title>无标题文档</title>
    </head>
    <body>
    </body>
</html>
```

也可以将已经事先做好的静态界面复制到此文件内，替换index.php中原有的文件内容。最终此页面的代码如下。

```
<!DOCTYPE html>
<html>
   <head>
     <meta name="viewport" content="width=device-width,initial-
scale=1.0,maximum-scale=1.0,user-scalable=no" charset="utf-8"
/>
       <title><?=$title?>--在线相册</title>
       <link rel="stylesheet" type="text/css" href="../css/
bootstrap.min.css" />
       <link rel="stylesheet" type="text/css" href="../css/main.
css" />
   </head>
   <body>
       <div class="body">
          <nav class="navbar navbar-expand-md bg-dark navbar-dark">
             <i class="fa fa-chrome fa-spin fa-lg fa-inverse"></i>
 
             <a class="navbar-brand" href="#">在线相册</a>
          </nav>
          <div class="container">
             <div class="row">
                <div class="col-lg-2 col-md-2" >
                   <p><a href="#" class="btn btn-info">相册管理</a></p>
                   <p><a href="javascript:void(0)" class="btn btn-
outline-info">图片管理</a></p>
                </div>
                <div class="col-lg-10 col-md-10 col-sm-10 list" >
                   <div class="row">
                      <h3 class="col-lg-6 col-md-6 col-sm-6">相册管理</h3>
                      <div class="input-group" >
                         <form  method="post" action="init.php" >
                            <input type="hidden" name="action" value=
"new" />
                            <input type="text" name="new_name"
placeholder="输入相册名称" required  />
                            <input type="submit" value="创建相册" class=
"sub_add"  name="sub_add" />
                         </form>
```

```
                    <form method="post" enctype="multipart/form-
data">
                        <input type="hidden"  name="action"
value="upload" />
                        <input type="file" name="upload" required
/>
                        <input type="submit" value="上传图片" />
                    </form>
                </div>
            </div>
            <div class="container">
                <div class="top-nav"><a href="index.php">首页</a>
                    <i></i> <a href="#">相册名称</a>
                </div>
            </div>
            <div class="album">
                <!-- 相册列表 -->
                <div class="album-list">
                    <div class="list-content">
                        <a href="#"><img src="./covers/nopic.
jpg"></a>
                        <div class="list-desc"><p><a href="#">相
册名称</a></p></div>
                    </div>
            </div>
            <div class="album-list">
                <div class="list-content">
                        <a href="#"><img src="./covers/nopic.
jpg"></a>
                          <div class="list-desc"><p><a href="#">
相册名称</a></p></div>
                    </div>
                </div>
                <div class="album-list">
                    <div class="list-content">
                        <a href="#"><img src="./covers/nopic.
jpg"></a>
```

```
                        <div class="list-desc"><p><a href="#">相册名称
</a></p></div>
                            </div>
                        </div>
                     </div>
                 </div>
              </div>
          </div>
       </div>
    </body>
 </html>
```

注意

以上代码不一一赘述。如果有看不懂的读者，可以先回顾一下HTML综合布局知识。通过<form>标签创建一个web表单，并通过method属性指定表单的提交方式为post，通过action属性指定表单提交的后台接收页面为init.php，action属性也可以不填写，如果不填写，则表单提交到本页。在表单中，通过表单空间来接收用户填写的相册名称数据，并通过控件的name属性设置表单提交的字段。

若要查看index.php的运行效果，则必须将project2的整个项目通过项目1介绍的环境来运行，具体操作步骤如下。

步骤01　打开并运行phpStudy集成环境，单击“其他选项菜单”按钮，在弹出的菜单中选择“站点域名管理”命令，在弹出的对话框中填入网站域名、网站目录、网站端口，第二域名可选填，如图2-4所示。

步骤02　单击“新增”按钮，单击“保存设置并生成配置文件”按钮，等待apache重新启动完成。

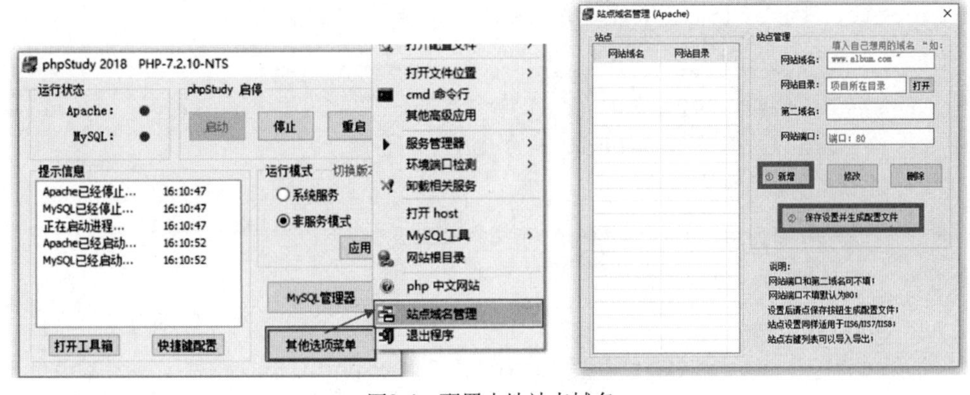

图2-4　配置本地站点域名

步骤03　单击phpStudy主界面中的“其他选项菜单”按钮，在弹出的菜单中选择“打开host”命令，在host文件末尾追加一行“127.0.0.1　　www.album.com”，保存，如图2-5所示。

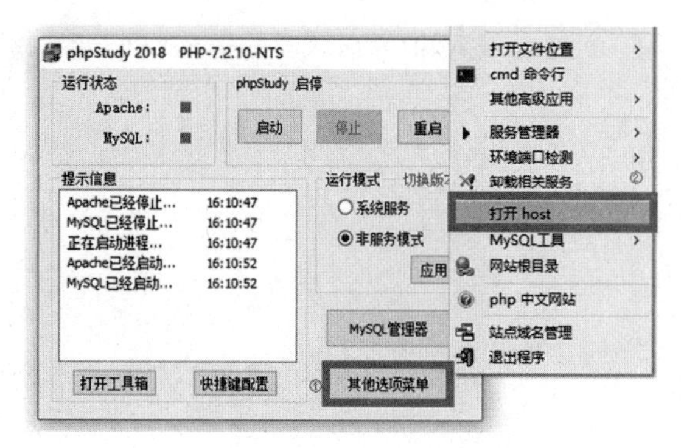

图2-5 打开并修改host文件

步骤04 打开任意浏览器，输入域名“www.album.com\index.php”即可预览项目页。利用PHP获取表单值，具体实现代码如下。

```
<?php
    $new_name  =  $_POST['new_name'];
?>
```

在项目中采用了自定义函数来实现，具体函数代码如下。

```
<?php
   /**
   * 接收输入的函数
   * @param array $method 输入的数组（可用字符串get和post来表示）
   * @param string $name 从数组中取出的变量名
   * @param string $type 表示类型的字符串
   * @param mixed $default 变量不存在时使用的默认值
   * @return mixed 返回的结果
   */
   function input($method, $name, $type = 's', $default = '')
   {
      switch ($method) {
         case 'get': $method = $_GET;
            break;
         case 'post': $method = $_POST;
            break;
      }
      $data = isset($method[$name]) ? $method[$name] : $default;
      switch ($type) {
         case 's': return is_string($data) ? $data : $default;
         case 'd': return (int) $data;
         case 'a': return is_array($data) ? $data : [];
```

```
        default: trigger_error('不存在的过滤类型"' . $type . '"');
    }
}
?>
```

利用上面的函数可以获取表单（文本框、按钮等表单元素）的值。要使PHP能够获取表单提交的数据，还要在之前的表单上加上代码 `action="init.php"` ，这样才能规定index.php表单数据提交到init.php后端获取其值。在项目2的目录project2下新建一个文件init.php，具体代码如下。

```
<?php
    //提交按钮
    if(!empty($_POST)){
      $action = input('post', 'action', 's');
     //获取文本框的值
     $new_name = input('post', 'new_name', 's');
     echo $action.'<br>';
     echo $new_name;
}
//没有表单提交时继续执行
?>
```

开发项目时只要是需要获取表单数据，都是运用类似的方式获取的。代码中的empty（）函数用于判断数据是否提交。如果$_POST数组中有数据，则使用input自定义函数获取表单提交的数据，并用echo输出提交的内容。查看效果可以通过浏览器访问www.album.com\index.php并单击“创建相册”按钮。

2.3.2 相册显示

通过2.3.1任务页面可以看到相册以列表方式显示，在index.php的运行中可以看到相册列表效果。分析“相册列表”代码如下。

```
<div class="album">
   <!-- 相册列表 -->
   <div class="album-list">
      <div class="list-content">
        <a href="#"><img src="./covers/nopic.jpg"></a>
        <div class="list-desc"><p><a href="#">相册名称</a></p></div>
      </div>
  </div>
  <div class="album-list">
     <div class="list-content">
```

```
            <a href="#"><img src="./covers/nopic.jpg"></a>
            <div class="list-desc"><p><a href="#">相册名称</a></p></div>
        </div>
    </div>
    <div class="album-list">
        <div class="list-content">
            <a href="#"><img src="./covers/nopic.jpg"></a>
            <div class="list-desc"><p><a href="#">相册名称</a></p></div>
        </div>
    </div>
</div>
```

从上面代码分析可知，此列表是可以通过循环代码得到的，`$list['album']` 是后端代码构造的数据源，其存放的值为一个数组。有了这样的构造，可以更好地实现其功能。

$list数据源：

```
Array
(
    [album] => Array
        (
            [0] => Array
                (
                    [id] => 53
                    [name] => 美食
                    [cover] =>
                    [num] => 0
                )
            [1] => Array
                (
                    [id] => 52
                    [name] => 校园
                    [cover] =>
                    [num] => 0
                )
            [2] => Array
                (
                    [id] => 51
                    [name] => 房产
                    [cover] =>
```

```
                [num] => 0
            )
        [3] => Array
            (
                [id] => 50
                [name] => 汽车
                [cover] =>
                [num] => 0
            )
        [4] => Array
            (
                [id] => 49
                [name] => 游戏
                [cover] =>
                [num] => 0
            )
)
```

循环输出代码：

```
    <?php foreach ($list['album'] as $v){ ?>
      <div class="album-list">
      <div class="list-content">
        <a href="?id=<?=$v['id']?>"><img src="./covers/<?=$v['cover']
?: 'nopic.jpg'?>"></a>
        <div class="list-desc"><p><a href="?id=<?=$v['id']?>"><?=ht
mlspecialchars($v['name'])?></a> (<?=$v['num']?>)</p></div>
      </div>
      </div>
    <?php } ?>
```

注意

代码中的foreach用于遍历数组，"?:"是三元运算符，htmlspecialchars( ) 函数是把预定义的字符转换为 HTML 实体。

2.3.3 照片上传

在Web开发过程中经常涉及到图片的上传，例如头像设置、信息封面设置、产品图片展示等。本任务在相册管理中也是非常核心的功能，通过本任务来讲解PHP对上传文件的接收与处理等相关知识。具体要求如下。

（1）在HTML页面中创建一个上传图片的表单。

（2）判断上传图片文件的类型。

（3）判断文件是否上传成功。

（4）图片上传成功并显示。

1. 编写照片上传表单

在项目中编写页面文件index.php，用于实现表单文件的上传，关键代码如下。

```
<form method="post" enctype="multipart/form-data">
   <input type="file" name="upload" required />
   <input type="submit" value="上传图片" />
</form>
```

在上述代码里，<form>表单省略action属性，表示提交到当前URL地址；method属性为表单提交方式，文件上传需设置为post，并需设置表单的MIME类型属性enctype值为multipart/form-data。

2. PHP 接收上传文件

```
<?php
    $upload_name = $_FILES['upload'];
    //利用<pre>标签使输出的内容含有空格和换行
    echo '<pre>';
    print_r($_FILES); //输出获取上传文件的信息
    echo '</pre>';
?>
```

上述代码是PHP接收表单提交过来的文件，全局变量$_FILES数组是获取文件信息，由于是数组，利用内置函数print_r()输出获取的上传文件信息，如下所示。

```
Array
(
    [upload] => Array
        (
            [name] => canvans.png
            [type] => image/png
            [tmp_name] => C:\Windows\phpD2F9.tmp
            [error] => 0
            [size] => 231
        )
)
```

可以看出，$_FILES数组中有一个upload元素，upload是表单中上传文件的<input>标签的name属性值。upload元素是一个数组，数组元素error值为0，表明文件上传成功，该过程中没有出现错误。name元素表示图片的名称，type元素表示上传文件的类型，size元素为上传文件的大小。每一个上传文件都有name、type、size、tmp_name等信息。文件上传后，这些文件相关信息存在FILES这个数组变量。$_FILES["upload"]["name"]相当于一个多维数组的访问，FILES先获取表单名称为upload的input上传的文件数据，然后再访问name、type、size、error等数据。$_FILES["upload"]["error"]用来表示文件上传的情况。$_FILES ["upload"]["error"]=0，表示文件正常上传；$_FILES["upload"]["error"]>0，表示文件没能正常上传；$_FILES["upload"]["error"]=1表示上传文件超过服务器限定的值，例如超过服务器空间大小；$_FILES["upload"]["error"]=2表示超过浏览器限定上传的值；$_FILES["upload"]["error"]=3表示文件只有部分被上传；$_FILES["upload"]["error"]=4表示没有文件上传。$_FILES["upload"]["error"]还可以为5、6、7、8，这里不作深究，只需知道大于0时就意味着文件上传出错。

注意

从本内容后，所有代码都放在项目中的inc\init.php、inc\album.php和inc\function.php文件内。

如果能获取到上传文件的一系列属性，就可以判断文件大小是否满足规定大小、文件是否上传成功、是否存在临时文件夹、是否写入成功等情况。

3. 上传失败获取错误信息

如果上传失败，可以通过$_FILES['upload']['error']获取错误信息，将错误信息显示给用户，这里在代码中利用switch语句来编写，代码位于inc/function.php文件内。具体代码如下。

```
<?php
    /**
    * 检查上传文件
    * @param array $file 上传文件的 $_FILES['xx'] 数组
    * @return string 检查通过返回true,否则返回错误信息
    */
    function upload_check($file)
    {
      $error = isset($file['error']) ? $file['error'] : UPLOAD_ERR_NO_FILE;
      switch ($error) {
         case UPLOAD_ERR_OK:
            return is_uploaded_file($file['tmp_name']) ?: '非法文件';
         case UPLOAD_ERR_INI_SIZE:
            return '文件大小超过了服务器设置的限制！';
         case UPLOAD_ERR_FORM_SIZE:
            return '文件大小超过了表单设置的限制！';
         case UPLOAD_ERR_PARTIAL:
```

```
            return '文件只有部分被上传! ';
        case UPLOAD_ERR_NO_FILE:
            return '没有文件被上传! ';
        case UPLOAD_ERR_NO_TMP_DIR:
            return '上传文件临时目录不存在! ';
        case UPLOAD_ERR_CANT_WRITE:
            return '文件写入失败! ';
        default:
            return '未知错误';
    }
}
?>
```

4. 判断上传文件类型

在开发中一般都会判断用户上传的文件类型是否满足，本案例制作的是相册，上传文件的类型为图片，则应判断上传的文件是否是图片类型。具体代码如下。

```
<?php
    // 允许上传的图片扩展
    $arr_ext=['jpg', 'jpeg', 'png'];
    if (!in_array(strtolower($ext), $arr_ext)) {
            return errors('文件上传失败: 只允许扩展名: '. implode(', ',
$arr_ext));
    }
?>
```

注意

代码中$arr_ext 保存允许的上传图片的类型。strtolower( )函数是将$ext传入的值转换为小写。in_array( )函数搜索$arr_ext数组中是否存在$ext。若文件类型满足，则可以保存文件操作。

5. 保存上传文件并生成缩略图

```
    // 创建原图保存目录
    $upload_dir = "./uploads/$new_dir";
    if(!is_dir($upload_dir) && !mkdir($upload_dir, 0777, true)) {
        return errors('文件上传失败: 无法创建保存目录! ');
    }
    // 创建缩略图保存目录
    $thumb_dir = "./thumbs/$new_dir";
    if(!is_dir($thumb_dir) && !mkdir($thumb_dir, 0777, true)) {
```

```
            return errors('文件上传失败：无法创建缩略图保存目录！');
        }
        //保存上传文件（将上传文件从临时目录移动到项目指定的目录下）
        if(!move_uploaded_file($file['tmp_name'], "$upload_dir/$new_name"))
        {
            return errors('文件上传失败：无法保存文件！');
        }
        //创建缩略图
    thumb($upload_dir.'/'.$new_name, $thumb_dir.'/'.$new_name,
$thumb_size);
```

代码中is_dir(file) 函数检查指定的文件是否是目录。如果文件名存在并且为目录，则返回 true。如果 file 是一个相对路径，则按照当前工作目录检查其相对路径。mkdir( ) 函数用于创建目录，若成功则返回true，否则返回false，其语法为 `mkdir(path,mode,recursive,context)`，具体参数详解见表2-22所示。thumb为自定义函数，详见项目的inc/function.php文件，此函数内用到的函数都是PHP提供的操作图片相关的内置函数，用法详见PHP官方提供的帮助手册。

```
    /**
     * 生成缩略图
     * @param string $file 原图的路径
     * @param string $save 缩略图的保存路径
     * @param int $limit 缩略图的边长（像素）
     * @return bool 成功返回true,失败返回false
     */
    function thumb($file, $save, $limit)
    {
        $func = [
            'image/png' => function ($file, $img = null) {
                return $img ?imagepng($img,$file): imagecreatefrompng
($file);
            },
            'image/jpeg' => function ($file, $img = null) {
                return $img ? imagejpeg($img, $file, 100) :
imagecreatefromjpeg($file);
            }
        ];
        /*通过getimagesize()获取图像信息,该函数参数接收图片文件路径,返回图像
信息数组,其中图像信息数组中前两个元素保存了图片的宽度和高度*/
```

```
        $info = getimagesize($file);
        /*通过list()接收索引数组,将元素依次赋值给变量$width和$height,则得到上
传图片的宽度和高度*/
        list($width, $height) = $info;
        $mime = $info['mime'];
        if (!in_array($mime, ['image/png', 'image/jpeg'])) {
            trigger_error('创建缩略图失败，不支持的图片类型。', E_USER_WARNING);
            return false;
        }
        $img = $func[$mime]($file);
        //宽度大于高度
        if ($width > $height) {
            $size = $height;
            $x = (int) (($width - $height) / 2);
            $y = 0;
        } else {
            $size = $width;
            $x = 0;
            $y = (int) (($height - $width) / 2);
        }
        /*绘制缩略图的画布资源,imagecreatetruecolor()用于创建画布,参数为画布
的宽度和高度*/
        $thumb = imagecreatetruecolor($limit, $limit);
        // imagecopyresampled()处理图片缩放
        imagecopyresampled($thumb, $img, 0, 0, $x, $y, $limit, $limit,
$size, $size);
        return $func[$mime]($save, $thumb);
    }
```

mkdir参数表如表2-22所示。

表2-22 mkdir参数表

参 数	描 述
path	必需。规定要创建的目录名称
mode	可选。规定权限。默认是0777（允许全局访问） mode参数由以下四个数字组成 （1）第一个数字通常是0 （2）第二个数字规定所有者的权限 （3）第三个数字规定所有者所属的用户组的权限 （4）第四个数字规定其他所有人的权限

续表

参　数	描　述
	可能的值（如需设置多个权限，请对下面的数字进行总计）如下 （1）1 = 执行权限 （2）2 = 写权限 （3）4 = 读权限
recursive	可选。规定是否设置递归模式（PHP 5.0.0中新增）
context	可选。规定文件句柄的环境。context是一套可以修改流的行为的选项（PHP 5.0.0中新增）

由于本项目数据被保存到数据库中，所有图片上传成功后记录到数据库，数据库相关知识作为本项目的扩展内容，在此项目暂不细讲。

6. 相册展示

用户创建好相册后显示到页面中，若没设置相册封面，则显示一张默认的图片。控制显示默认图片的代码使用三元运算符来完成。关键代码如下。

```
<img src="./covers/<?=$v['cover'] ?: 'nopic.jpg'?>">
```

注意　代码中`<?=$v['cover'] ?: 'nopic.jpg'?>`适用于在html代码中内嵌PHP代码。./covers/为图片所在路径。

将创建的相册存储到数据库，以列表呈现，前端代码如下。

```
<!DOCTYPE html>
<html>
<head>
<meta name="viewport" content="width=device-width,initial-scale=1.0,maximum-scale=1.0,user-scalable=no" charset="utf-8" />
<title><?=$title?>--在线相册</title>
<link rel="stylesheet" type="text/css" href="../css/bootstrap.min.css" />
<link rel="stylesheet" type="text/css" href="../css/main.css" />
</head>

<body>
<div class="body">
    <nav class="navbar navbar-expand-md bg-dark navbar-dark">
        <i class="fa fa-chrome fa-spin fa-lg fa-inverse"></i>  
        <a class="navbar-brand" href="index.php">在线相册</a>
    </nav>
```

```
        <div class="container">
            <div class="row">
                <div class="col-lg-2 col-md-2" >
                    <p><a href="index.php" class="btn btn-info">相册
管理</a></p>
                    <p><a href="javascript:void(0)" class="btn btn-
outline-info">图片管理</a></p>
                </div>
                <div class="col-lg-10 col-md-10 col-sm-10 list" >
                    <div class="row">
                        <h3 class="col-lg-6 col-md-6 col-sm-6">相册
管理</h3>
                        <div class="input-group" >
                            <form method="post">
                                <input type="hidden" name="action"
value="new" />
                                <input type="text" name="new_name"
placeholder="输入相册名称" required  />
                            <input type="submit" value="创建相册"
class="sub_add"  name="sub_add" />
                            </form>
                            <form method="post" enctype="multipart/
form-data">
                                <input type="hidden" name="action"
value="upload" />
                                <input type="file" name="upload"
required />
                                <input type="submit" value="上传
图片" />
                            </form>
                        </div>
                    </div>
                    <div class="container">
                        <div class="top-nav"><a href="index.php">
首页</a>
                            <?php foreach($nav as $val){ ?>
                                <i></i> <a href="index.php?id=<?php
echo $val['id']; ?>"><?php echo htmlspecialchars($val['name']); ?></a>
```

```
                    <?php } ?>
                  </div>
              </div>
              <div class="album">
                        <?php if(empty($list['album']) &&
empty($list['picture'])): ?>
                           <div class="album-tip">相册暂无内容</
div>
                        <?php endif; ?>
                        <!-- 相册列表 -->
                        <?php foreach ($list['album'] as $v):
?>
                          <div class="album-list">
                            <div class="list-content">
                              <a href="?id=<?=$v['id']?>"><img
src="./covers/<?=$v['cover'] ?: 'nopic.jpg'?>"></a>
                              <div class="list-desc"><p><a hr
ef="?id=<?=$v['id']?>"><?=htmlspecialchars($v['name'])?></a>
(<?=$v['num']?>)</p></div>
                              <div class="list-opt">
                                      <form method="post">
                                           <input type="hidden"
name="action_id" value="<?=$v['id']?>">
                                           <button name="action"
value="del" class="del" >删除</button>
                                      </form>
                              </div>
                            </div>
                          </div>
                        <?php endforeach; ?>
              </div>
          </div>
      </div>
  </div>
</div>
</body>

</html>
```

若在相册内上传了照片，可以把喜欢的照片设置为封面。设置封面前端页面的代码如下。

```
<form method="post">
          <input type="hidden" name="action_id"
value="<?=$v['id']?>">
          <?php if($id){ ?><button name="action" value="pic_
cover">设为封面</button><?php } ?>
          <button  name="action" value="pic_del">删除</button>
</form>
```

后端通过init.php接收，代码如下。

```
//提交按钮
 $action = input('post', 'action', 's');
//获取提交对应id
$t_id=input('post', 'action_id', 'd');
switch ($action){
   case 'new'://创建相册
      $name = input('post', 'new_name', 's');
      if(newalbum($id,$name)>1){
          //创建成功重定向
        header("location:index.php?id=".$id);
      };
      break;
   case 'upload'://上传图片
      $file=input($_FILES, 'upload', 'a');
      //print_r($_FILES);
      upload($id,$file);
      break;
   case 'del'://删除相册
      delete($t_id);
      break;
   case 'pic_cover'://设置为封面
      picture_cover($t_id, $id);
      break;
   case 'pic_del'://删除图片
      picture_delete($t_id);
      break;
 }
```

注意　代码中case 'pic_cover'表示当前提交过来的数据为设置的封面。picture_cover()函数在album.php中定义并执行相应操作。

7. 图片展示

用户完成相册的创建后，就可以在相册中上传图片并将图片按照相册方式显示到页面中。因为数据是保存到数据库中的，所以通过查询数据库中的相册和图片数据，以数组的方式保存到变量$list内。页面将数据显示出来，图片列表显示index.php页面文件的代码如下（核心代码见加粗部分）。

```
<!DOCTYPE html>
<html>
<head>
<meta name="viewport" content="width=device-width,initial-scale=1.0,maximum-scale=1.0,user-scalable=no" charset="utf-8" />
<title><?=$title?>--在线相册</title>
<link rel="stylesheet" type="text/css" href="../css/bootstrap.min.css" />
<link rel="stylesheet" type="text/css" href="../css/main.css" />
</head>

<body>
<div class="body">
<nav class="navbar navbar-expand-md bg-dark navbar-dark">
    <i class="fa fa-chrome fa-spin fa-lg fa-inverse"></i>  
    <a class="navbar-brand" href="index.php">在线相册</a>
</nav>

<div class="container">
     <div class="row">
          <div class="col-lg-2 col-md-2" >
               <p><a href="index.php" class="btn btn-info">相册管理</a></p>
               <p><a href="javascript:void(0)" class="btn btn-outline-info">图片管理</a></p>
          </div>
          <div class="col-lg-10 col-md-10 col-sm-10 list" >
               <div class="row">
                    <h3 class="col-lg-6 col-md-6 col-sm-6">相册管理</h3>
```

```
                    <div class="input-group" >
                        <form method="post">
                            <input type="hidden" name="action"
value="new" />
                            <input type="text" name="new_name"
placeholder="输入相册名称" required  />
                            <input type="submit" value="创建相册"
class="sub_add"  name="sub_add" />
                        </form>
                        <form method="post" enctype="multipart/
form-data">
                            <input type="hidden" name="action"
value="upload" />
                            <input type="file" name="upload"
required />
                            <input type="submit" value="上传图片"
/>
                        </form>
                    </div>
                </div>
                <div class="container">
                    <div class="top-nav"><a href="index.php">首页</a>
                      <?php foreach($nav as $val){ ?>
                          <i></i> <a href="index.php?id=<?php echo
$val['id']; ?>"><?php echo htmlspecialchars($val['name']); ?></a>
                      <?php } ?>
                    </div>
                </div>
                <div class="album">
                        <?php if(empty($list['album']) &&
empty($list['picture'])): ?>
                          <div class="album-tip">相册暂无内容</div>
                        <?php endif; ?>
                        <!-- 相册列表 -->
                        <?php foreach ($list['album'] as $v): ?>
                          <div class="album-list">
                            <div class="list-content">
                            <a href="?id=<?=$v['id']?>"><img src="./
covers/<?=$v['cover'] ?: 'nopic.jpg'?>"></a>
```

```
                            <div class="list-desc"><p><a href="?id=<?=
$v['id']?>"><?=htmlspecialchars($v['name'])?></a>  (<?=$v['num']?>)</
p></div>
                            <div class="list-opt">
                                    <form method="post">
                                   <input type="hidden" name="action_
id" value="<?=$v['id']?>">
                                   <button name="action" value="del"
class="del" >删除</button>
                                    </form>
                              </div>
                            </div>
                          </div>
                        <?php endforeach; ?>
                        <!-- 子相册列表 -->
                        <?php foreach ($list['picture'] as $v): ?>
                          <div class="album-list">
                            <div class="list-content">
                             <a href="show.php?id=<?=$v['id']?>"><img
src="./thumbs/<?=$v['path'] ?: './covers/nopic.jpg'?>"></a>
                           <div class="list-desc"><p><a href="show.ph
p?id=<?=$v['id']?>"><?=htmlspecialchars($v['pic_name'])?></a></p></
div>
                           <div class="list-opt">
                               <form method="post">
                                  <input type="hidden" name="action_
id" value="<?=$v['id']?>">
                              <?php if($id): ?><button name="action"
value="pic_cover">设为封面</button><?php endif; ?>
                                 <button  name="action" value="pic_
del">删除</button>
                               </form>
                           </div>
                         </div>
                       </div>
                     <?php endforeach; ?>
            </div>
        </div>
```

```
    </div>
</div>
</div>
</body>

</html>
```

其中，后端数据$list在init.php中获得，代码如下。

```
$list = album_list($id, $sort);
```

注意

代码中的album_list()函数在album.php中定义并执行相应操作。

项目3

Web考试系统

学习目标

- 了解并掌握数据库的基本操作（数据库的创建、选择、删除）。
- 掌握数据表的基本操作（数据表的创建、修改、删除）。
- 掌握数据库记录的基本操作、基本语法（添加、查询、删除）。
- 掌握PHP与MySQL数据库的连接操作，以及语句的灵活运用。

技能要点

- 常用SQL语句的编写。
- MySQL扩展，用MySQL扩展操作数据库。
- 数据的增、删、改、查。

3.1 项目描述

随着经济的快速发展，计算机技术的日益更新，网络技术也在不断地进步。如今，网络技术已经应用在教育领域的各个方面，国内外很多高等院校开启了网络在线教育模式，通过计算机网络进行在线考试等。对在线考试系统进行分析可知，利用在线考试，不仅能够提高教师的工作效率，节约大量的人力、物力与财力，还可以优化教学管理，提高教学质量。互联网具有的共享性、交互性、开放性、分布性等特点使在线考试突破了空间和时间的限制，也冲破了传统的笔和纸的局限。因此，在线考试已成为计算机辅助教学的发展趋势之一。

3.2 涉及知识

从图3-1可以看出，数据库的作用主要是存储数据。随着动态网站的兴起，数据库设计成为非常重要的技能。数据库设计主要是通过分析项目需求，根据不同的需求设计符合要求的数据关系，从而使用户可以在数据库中方便管理数据。

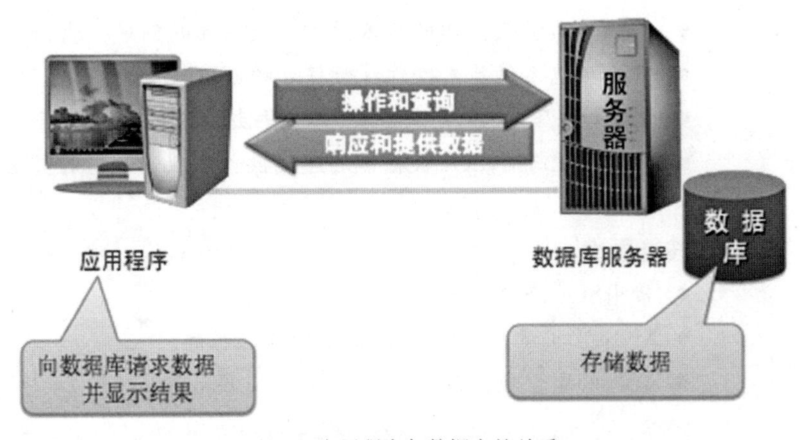

图3-1　应用程序与数据库的关系

3.2.1 访问数据库

在前面项目中讲解PHP开发环境的搭建时，通过集成环境提供的Mysql数据库管理工具可以轻松登录并管理数据库，也可以通过MySQL自带的命令行工具实现数据库的登录、管理。下面讲解数据库管理工具的使用方法。

步骤01　访问MySQL管理工具。安装集成环境phpStudy后，就可以使用MySQL数据库了，打开自带工具MySQL-Front的具体方式如图3-2所示。

步骤02　选择“MySQL-Front”后，会弹出MySQL数据库账号的登录对话框，如图3-3所示。

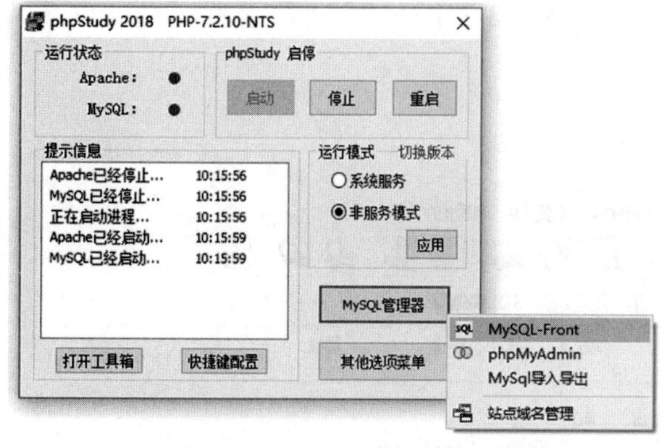

图3-2 打开数据库MySQL-Front工具

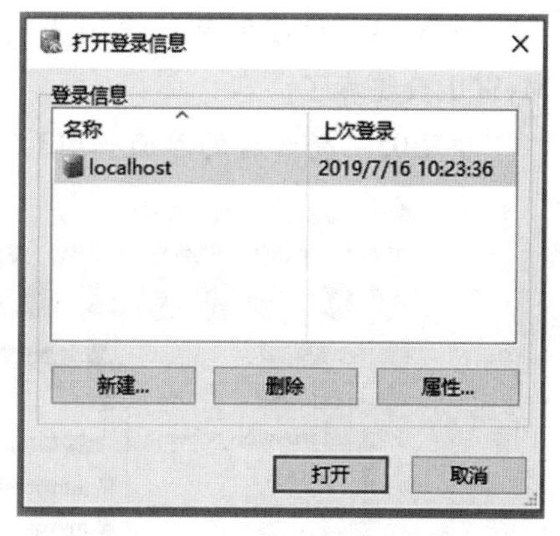

图3-3 数据库的登录对话框

步骤03 在该对话框中可以新建（如图3-4所示）或者编辑（如图3-5所示）数据库登录账号或验证密码。

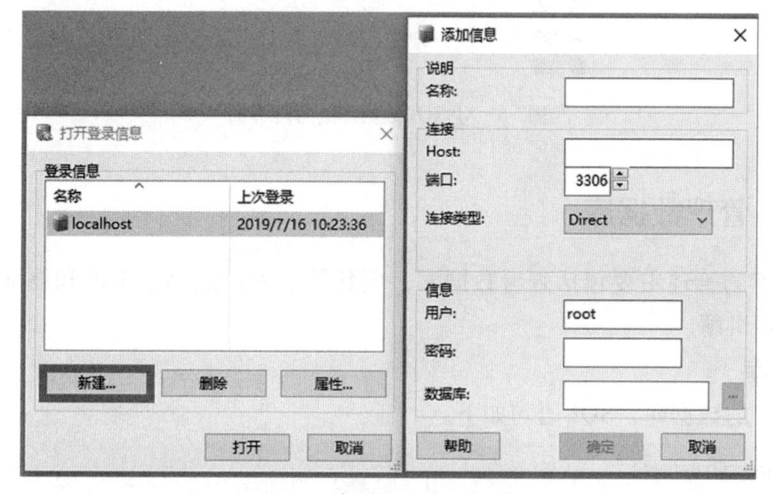

图3-4 新建登录窗口信息

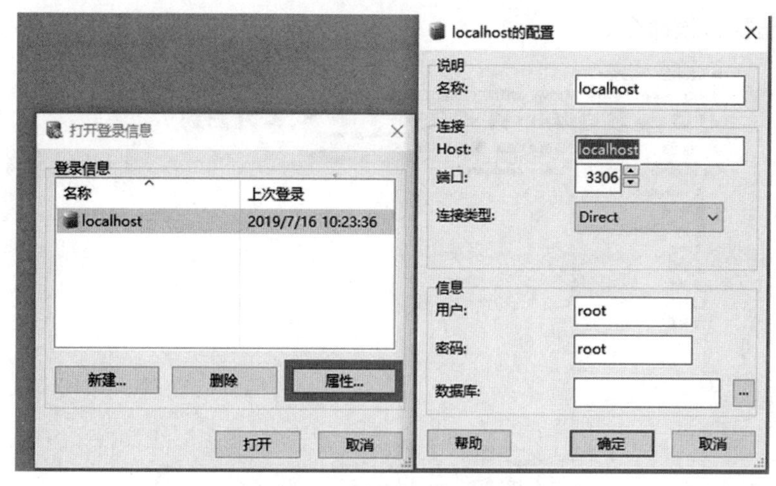

图3-5 编辑登录窗口信息

步骤04　设置完毕，关闭当前对话框，单击图3-3中的“打开”按钮，就可以登录MySQL数据库了。

步骤05　登录后的界面如图3-6所示。

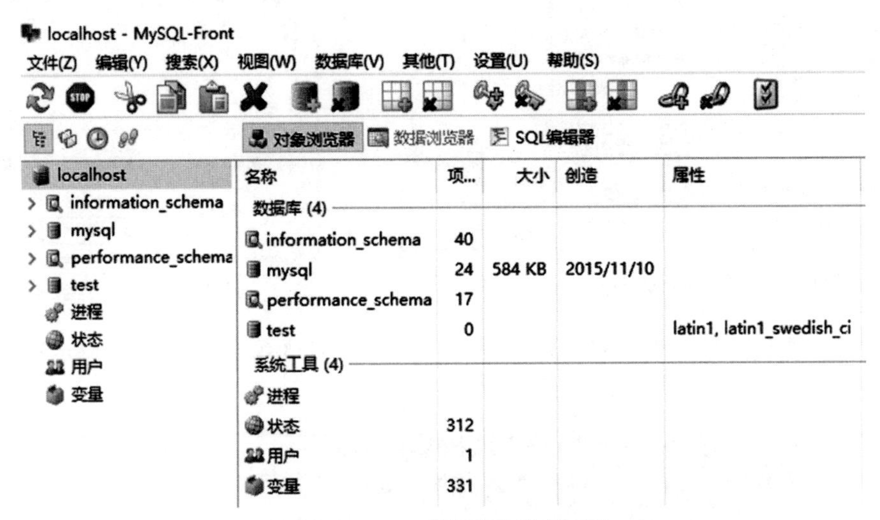

图3-6　MySQL数据库的管理界面

3.2.2 管理数据库

对数据库的管理主要包括查看数据库、创建数据库、选择数据库和删除数据库等。下面分别进行讲解。

1. 查看数据库

查看已有的数据库，SQL语句如下。

```
show databases;
```

在管理界面中单击“SQL编辑器”按钮（如图3-7所示），在编辑框中输入上述命令并单击▶按钮执行该命令。

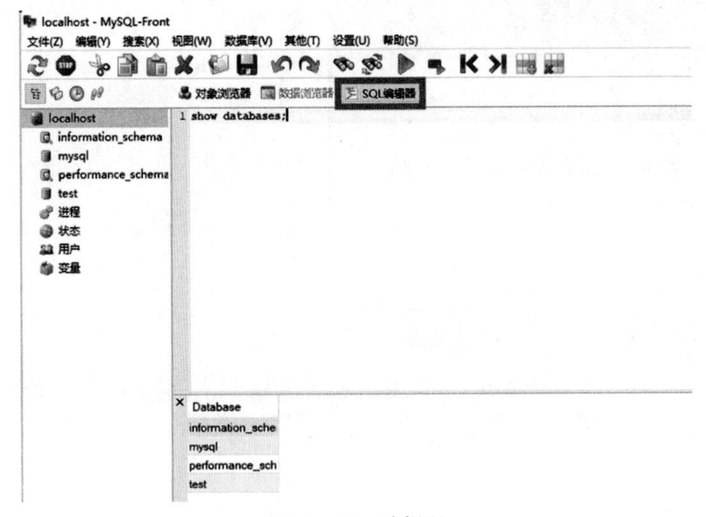

图3-7　SQL编辑器

2. **创建数据库**

可以在MySQL中创建一个属于自己的数据库，Web考试系统使用的数据库的创建命令如下。

```
create database 'examsystem';
```

注意 在该命令语句中，“create database”是创建数据库的命令，“examsystem”是数据库的名字。为避免用户自定义命名与系统关键字相冲突，最好使用单引号将数据库名括起来，表名、字段名同样要注意。

界面效果如图3-8所示。

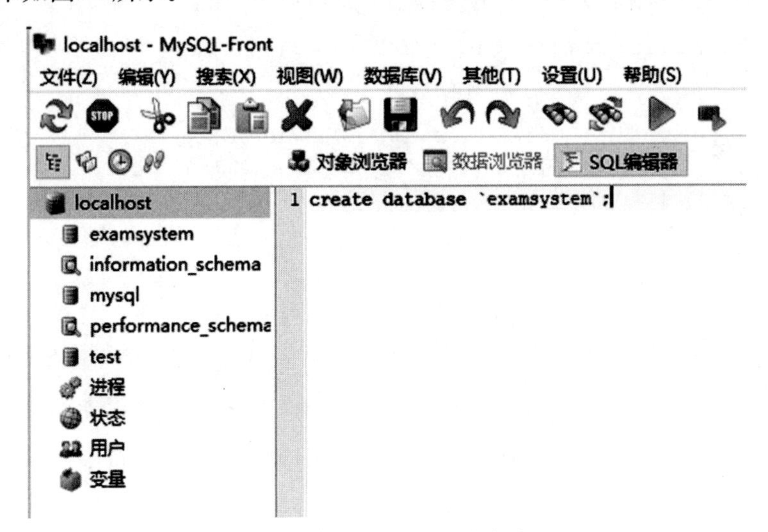

图3-8 创建examsystem数据库

3. **选择数据库**

一个MySQL服务器中有多个数据库，如果要针对某个库进行操作，就需要选择数据库。具体SQL语句如下。

```
use 'examsystem';
```

注意 该命令语句中的“use”是选择数据库的命令。执行该SQL语句后，其后面对数据库的操作都是在examsystem库中进行的。

4. **删除数据库**

对于某些不再使用的数据库，可以利用删除语句删除。具体SQL语句如下。

```
drop database 'examsystem';
```

3.2.3 管理数据表

利用一个数据库可以创建多张数据表，数据表可以用来保存主题信息。例如，考题信息保存在考题表中，考生信息保存在考生信息表中，后台管理员信息保存在管理员表中。对这一系列表都可以进行创建数据表、查看数据、查看表结构、删除数据等操作。

1. 创建数据表

下面以考生信息表来讲解表的创建。要求创建一张“users”表来保存考生的基本信息，具体如下。

```
CREATE TABLE 'users' (
        'u_id' int(5) NOT NULL AUTO_INCREMENT,
        'u_name' varchar(10)  DEFAULT NULL,
        'u_password' varchar(64) DEFAULT NULL,
        'u_class' varchar(20) DEFAULT NULL,
        'u_score' int(11) DEFAULT NULL,
        'start_time' datetime DEFAULT NULL,
        PRIMARY KEY ('stud_id') USING BTREE
) CHARSET=utf8;
```

注意　该命令语句中的“CREATE TABLE”是创建数据表的命令，“users”是数据表的名称，“u_id”是字段名称，“int(5)”是该字段的数据类型（详细数据类型），“NOT NULL”表示该字段不能为空。

MySQL数据库支持的数据类型主要分成3类，即数字类型、字符串（字符）类型、日期和时间类型。

（1）数字类型：包括准确数字的数据类型（NUMERIC、DECIMAL、INTEGER和SMALLINT）和近似数字的数据类型（FLOAT、REAL和DOUBLEPRECISION）。一般来说，数字类型可以分成整型和浮点型两类，详细内容如表3-1所示。

注意　关键字INT是INTEGER的简写。关键字DEC是DECIMAL的简写。

表3-1　整型和浮点型

数据类型		取值范围	存储容量	说　明
整型	TINYINT	有符号值（-128～127） 无符号值（0～255）	1字节	最小的整数
	BIT	有符号值（-128～127） 无符号值（0～255）	1字节	最小的整数
	BOOL	有符号值（-128～127） 无符号值（0～255）	1字节	最小的整数
	SMALLINT	有符号值（-32768～32767） 无符号值（0～65535）	2字节	小型整数

续表

数据类型		取值范围	存储容量	说　明
	MEDIUMINT	有符号值（-8388608～8388607） 无符号值（0～16777215）	3字节	中型整数
	INT或INTEGER	有符号值（-2147483648～2147483647） 无符号值（0～4294967295）	4字节	标准整数
	BIGINT	有符号值（-9223372036854775808～9223372036854775807） 无符号值（0～18446744073709551615）	8字节	大型整数
浮点型	FLOAT	-3.402823466E+38～+3.402823466E+38	8字节或4字节	单精度浮点数
	DOUBLE	-1.7976931348623157E+308～+1.7976931348623157E+308	8字节	双精度浮点数
	DECIMAL	可变	自定义长度	一般整数

（2）字符串类型：可以分为3类，即普通的文本字符串类型（CHAR和VARCHAR）、可变字符串类型（TEXT和BLOB）和特殊类型（SET和ENUM）。它们之间都有一定的区别，取值范围不同，应用的地方也不同。详细内容如表3-2、表3-3所示。

表3-2　文本字符串类型和可变字符串类型

数据类型		取值范围	说　明
文本字符串类型	CHAR(X)	0～255	固定长度为X的字符串，其中，X的取值范围为0～255
	VARCHAR(X)	0～65535	与CHAR类似
可变类型	TINYBLOB(X)	达到X（<=255）	小BLOB字段
	TINYTEXT(X)	达到X（<=255）	小TEXT字段
	BLOB(X)	达到X（<=65535）	常规BLOB字段
	TEXT(X)	达到X（<=65535）	常规TEXT字段
	MEDIUMBLOB(X)	达到X（<=1.67E+7）	中型BLOB字段
	MEDIUMTEXT(X)	达到X（<=1.67E+7）	中型TEXT字段
	LONGBLOB(X)	达到X（<=4.29E+9）	长BLOB字段
	LONGTEXT(X)	达到X（<=4.29E+9）	长TEXT字段

表3-3　字符串特殊类型

数据类型	存储容量	说　明
Enum('value1','value2'...)	1或2字节	该类型的列只可以容纳所列值之一或为NULL
Set('value1','value2'...)	1、2、3、4或8字节	该类型的列可以容纳一组值或为NULL

（3）日期和时间类型：包括DATETIME、DATE、TIMESTAMP、TIME和YEAR，每种类型都有相应的取值范围，如赋予它一个不合法的值，就会被“0”代替。详细内容如表3-4所示。

表3-4　日期和时间数据类型

数据类型	取值范围	说　　明
DATE	1000-01-01　9999-12-31	格式为YYYY-MM-DD的日期
TIME	-838:58:59　835:59:59	格式为HH:MM:SS的时间
DATETIME	1000-01-01 00:00:00 9999-12-31 23:59:59	格式为YYYY-MM-DD HH:MM:SS
TIMESTAMP	1970-01-01 00:00:01 2038-01-19 03:14:07	时间标签
YEAR	1970-01-01 00:00:01	可指定两位数字和四位数字格式的年份

2. 查看表结构

成功创建数据表后，可以使用show columns命令或describe命令查看指定数据表的表结构。具体命令用法如下。

（1）show columns 命令如下。

```
show [full] columns from users;
show [full] columns from examsystem.users;
```

注意

该命令语句中的“[full]”表示full可省略。

（2）describe（可简写为desc）命令如下。

```
describe users;
```

在查看表结构时，也可以只列出某一列的信息，例如只查看users表中的id字段。语法格式如下。

```
describe users id;
```

3. 重命名数据表

采用rename table命令，如对数据表users重命名，更名后的数据表为users1。语法格式如下。

```
rename table users to users1;
```

4. 删除数据表

删除数据表与删除数据库的操作类似，使用drop table命令即可实现，如将users表删除。语法格式如下。

```
drop table users;
```

删除数据表的操作应谨慎使用。一旦删除，数据表中的数据将会被全部清除，如果没有备份则无法恢复。如果删除一个不存在的表将会出错，规避这个错误可在删除语句中加入if exists关键字。具体命令如下。

```
drop table if exists users;
```

5. **修改表结构**

增加或者删除字段、修改字段名称或者字段类型、设置取消主键或外键、设置取消索引及修改表的注释等操作都是修改表结构，采用alter table命令，具体如下。

（1）在表users中添加customer_id字段并设置其字段类型为int。

```
alter table users add column customer_id int
```

（2）修改表users中的id字段为索引字段。

```
alter table users add index (id)
```

（3）修改表users中的id字段为主键primary key。

```
alter table users add primary key (id)
```

（4）修改表users中的id字段为唯一索引unique字段。

```
alter table users add unique (id)
```

（5）将表users中的id字段重命名为salary，并设置其数据类型为int。

```
alter table users change id salary int
```

（6）删除表users中的customer_id字段。

```
alter table users drop customer_id
```

（7）删除表users中的所有主键。

```
alter table users drop primary key
```

（8）删除表users中字段customer_id的索引。注意，只是将customer_id的索引取消，不会删除customer_id字段。

```
alter table users drop index customer_id
```

（9）修改表users中first_name的字段类型为varchar（100）。

```
alter table users modify first_name varchar(100)
```

（10）将表users重命名为customer。

```
alter table users rename customer
```

alter table语句允许指定多个动作，动作间使用逗号分隔，每个动作表示对表的一个修改。

3.2.4 添加表记录

数据库和数据表创建完毕，才能向数据表中添加数据（也称“添加一条记录”）。此项操作可以通过insert into命令来实现。语法格式如下。

```
insert into users (column _ name,column _ name2,...) values (value1,value2,...);
```

- users：表名。
- column_name：字段名。字段名列表间用逗号分隔。
- value1...：值列表。值列表中的值应与字段列表中字段的个数和顺序相对应；值列表中值的数据类型必须与相应字段的数据类型保持一致。如果字段类型是字符串，需用单引号将其值括起来。

3.2.5 查询数据记录

添加数据后，可以使用select命令来查询users表中的数据。语法格式如下。

```
select * from users where condition;
```

- *：是指被查询表中的所有字段，也可单独查询具体字段。多个字段名用逗号“,”隔开。
- from：查询关键词。
- where：条件子句。该子句是可选的，如果给出该子句，将查询指定记录。
- condition：为查询时的条件。

3.2.6 修改数据记录

修改数据记录的操作可以使用update命令。以users表为例，语法格式如下。

```
update users set column_name1=new_value1,column_name2=new_value2 where condition;
```

- update、set：命令关键词。
- column_name1、column_name2：被修改的字段名。
- new_value1、new_value2：给定的值。
- where：条件子句。该子句是可选的，如果给出该子句，则指定记录中字段被更新，否则所有记录行的指定字段都将被更新。

3.2.7 删除数据记录

数据库中有些数据记录失去意义或者是错误的，就需要将它们删除，此时可以使用delete命令。以users表为例，语法格式如下。

```
delete from users where condition;
```

- delete from：命令关键词。
- where：条件子句。在执行过程中，如果没有指定where条件，将删除所有记录；

如果指定了where条件，将按照指定的条件进行删除。

使用delete命令删除整个表的效率并不高。要快速删除表中的所有内容，可以使用truncate命令。

3.2.8 MySQL扩展使用

1. 启用 MySQL 扩展

前面项目讲解了MySQL的安装，默认情况下已经安装了扩展，使用的phpStudy工具也启用了php_mysqli.dll。如果未启用php_mysqli.dll，需要先打开php.ini文件，去除文件中的配置项 `;extension=php_mysqli.dll` 开头的注释分号并保存，然后重新启动Apache服务器，配置才会生效。如果要检测启用扩展是否成功，可以在集成环境中查看，也可以通过phpinfo( ) 函数获取MySQL扩展的相关信息。

2. PHP 操作数据库

PHP提供了大量的MySQL数据库操作函数，可以方便地实现访问MySQL数据库的各种操作，轻松地实现Web应用程序的开发。

1）连接数据库

使用PHP操作MySQL数据库之前，需要先与MySQL数据库的服务器建立连接，使用mysqli扩展库提供的mysqli_connect( )函数来实现与MySQL数据库的连接。语法格式如下。

```
    mysqli mysqli_connect([string $host [,string $username [,string
$password [,string $dbname [,int $port [,string $socket]]]]]])
```

mysqli_connect( )函数用于与MySQL服务器的连接。如果连接成功，则返回一个MySQL连接标识，否则返回false。该函数的参数如下。

- $host：MySQL服务器地址。
- $usermame：用户名，默认值是服务器进程所有者的用户名。
- $password：密码，默入值是空密码。
- $dbname：连接的数据名称。
- $port：规定尝试连接到 MySQL 服务器的端口号，MySQL默认端口号为3306（可以省略）。
- $socket：规定socket 或要使用的已命名pipe。

注意

除上面直接选择数据库这一方法外，mysqli扩展还提供了mysqli_select_db( )函数用来选择MySQL数据库。语法格式如下。

```
    bool mysqli_select_db (mysqli $link,string $dbname)
```

- $link：该参数为必选参数，是应用mysqli_connect( )函数成功连接MySQL数据库服务器后返回的连接标识。
- $dbname：该参数为必选参数，用户指定要选择的数据库名称。

2）执行SQL语句

前面讲解了数据库的基本操作，读者应该已经熟悉MySQL常用SQL语句的用法了。PHP操作数据库使用mysqli扩展提供的mysqli_query( )函数执行SQL语句。mysqli_query( )函数的语法格式如下。

```
mixed mysqli_query(mysqli $link,string $query [,int $resultmode])
```

- $link：该参数为必选参数，是mysqli_connect( )函数成功连接MySQL数据库服务器后所返回的连接标识。
- $query：该参数为必选参数，是所要执行的SQL语句。
- $resultmode：该参数为可选参数，该参数取值为一个常量，即MYSQLI_USE_RESULT（用于返回检索大量数据，应用该值时，以后的查询调用可能返回一个commands out of sync错误，解决办法是应用mysqli_free_result( )函数释放内存和MYSQLI_STORE_RESULT（默认）中的任意一个。

注意

如果SQL语句是查询指令select，成功则返回查询结果集，否则返回false。如果SQL语句是insert、delete、update等操作指令，成功则返回true，否则返回false。mysqli_query( )函数不仅可以执行SQL指令，而且可以选择数据库和设置数据库编码格式。语法格式如下。

```
mysqli_query(mysqli $link,"set names utf8");
```

3）处理结果集

在完成SQL语句的执行后，当返回的结果是一个资源类型的结果集时，需要使用函数处理结果集才能获取信息。在PHP中使用的是获取一行作为关联数组的处理结果集mysqli_fetch_assoc()函数。语法格式如下。

```
mixed mysqli_fetch_assoc(resource $result)
```

此函数返回根据所取得的行生成的数组，如果没有更多行则返回null。$result参数表示资源型结果集。每执行一次该函数，都将从结果集资源中取出一条记录放入一维数组中，该数组的下标为数据表中字段的名称。

注意

mysqli_fetch_assoc ($result) 等价于mysqli_fetch_array ($result, MYSQLI_ASSOC)。

4）释放资源

完成数据库操作后，需要关闭结果集，以释放系统资源。释放内存使用mysqli_free_result( )函数，将释放所有与结果标识符result相关联的内存。该函数仅在需要考虑到返回很大的结果集会占用较多内存时调用。在执行结束后，所有关联的内存都会被自动释放。语法格式如下。

```
void mysqli_free_result(resource $result);
```

5）关闭连接

完成对数据库的操作后，需要及时断开与数据的连接并释放内存，否则会浪费大量的内存空间，在访问量较大的Web项目中很可能会导致服务器崩溃。在MySQL函数库中，使用mysqli_close()函数断开与MySQL服务器的连接，语法格式如下。

```
bool mysqli_close(mysqli $link)
```

- $link：该参数为mysqli_connect( )函数成功连接MySQL数据库服务器后所返回的连接标识。如果连接成功则返回true，失败则返回false。

注意

PHP与数据库的连接是非持久连接，系统会自动回收，一般不用设置关闭。但如果一次性返回的结果集比较大，或网站访问量比较大，则最好使用mysqli_close( )函数手动进行释放。

3.3 任务实现

3.3.1 数据库设计

要实现Web考试系统，首先明确系统主要实现什么功能。考生登录、试题生成、自动阅卷、成绩查询、管理员登录、考题录入等都是考试系统最基本的功能。

1. 确定考生表的结构

在开发项目时最重要的就是分析项目需求。只有清楚了解项目需求之后，才可以创建数据表。在本项目中，可以通过表users来保存考生数据，考生信息具体包括“考生ID”“考生登录名”“考生登录密码”“考生班级”“考试成绩”“考试开始时间”。具体表结构如表3-5所示。

表3-5 考生表的结构

编　号	字段名称	数据类型	长　度	是否为空	默 认 值	主　键	备　注
1	u_id	int	5	×	自动递增	✓	考生ID
2	u_name	varchar	10	×			考生登录名
3	u_password	varchar	70	×			考生登录密码
4	u_class	varchar	20	×			考生班级
5	u_score	int	11	×			考试成绩
6	starttime	datetime	5	×			考试开始时间

2. 创建数据库和考生表

在项目开发时，首先创建一个数据库，然后管理数据库中的表。下面为项目创建一个名称为“examsystem”的数据库，并在数据库中创建考生表“users”。语法格式如下。

```
-- 项目数据库名
create database 'examsystem';
-- 选择数据库
use 'examsystem';
-- 创建考生信息表
create table 'users' (
    'u_id' int(5) not null auto_increment,
    'u_name' varchar(10) not null,
    'u_password' varchar(64) not null,
    'u_class' varchar(20) not null,
    'u_score' int(11) not null,
    'start_time' datetime default null,
    primary key ('u_id') using btree
)  charset=utf8;
```

- auto_increment：设置u_id字段自动递增。
- default null：设置该字段的默认值为空。
- primary key ('u_id')：将u_id设置为该表的主键，当创建或更改表时可通过定义primary key 约束来创建主键。一个表只能有一个 primary key 约束，而且 primary key 约束中的列不能接受空值。因为primary key 约束确保唯一数据，所以经常被用来定义标识列。
- using btree：定义存储引擎的索引。MySQL中索引的存储类型有两种，即btree和hash，具体与表的存储引擎相关。myisam和innodb存储引擎只支持btree索引；memory和heap存储引擎可以支持hash和btree索引。

3. 添加数据并查询

考生表创建成功，即可添加数据测试。语法格式如下。

```
    insert into users(u_name,u_password,u_class,u_score) values ('a',
'e10adc3949ba59abbe56e057f20f883e', '网站1901', '0'),
    ('b', 'e10adc3949ba59abbe56e057f20f883e', '网站1902', '0'),
    ('c', 'e10adc3949ba59abbe56e057f20f883e', '软件1903', '0'),
    ('d', 'e10adc3949ba59abbe56e057f20f883e', '软件1904', '0');
```

注意

上面这段代码是向考生表中插入4条数据记录，每条数据记录中包含“考生登录名”“考生登录密码”“考生班级”“考试成绩”，从中可以看出并没有指定u_id字段、考生开始时间。因为u_id数据由MySQL主键的自动递增来填写，所以在操作中不需要将该字段放到语句中，考生开始时间这里暂时不填，该字段默认值为空。

数据添加成功，即被保存到数据库中，可以通过SQL语句查询保存的数据记录。语句如下。

```
select * from 'users';
```

注意

以上完成了考生表的创建，该项目还有试题、管理员等表，也可以使用类似方法创建。

3.3.2 在线考试系统实现

前面完成了Web在线考试系统数据库的创建及表的操作，下面编写PHP程序，实现PHP与MySQL的交互。在PHP中，MySQL扩展专门用于与MySQL数据库进行交互，它提供了一个面向过程的接口，可以实现连接数据库、执行SQL语句等功能。

1. 考生登录

要实现考生登录功能，需要先制作登录表单，提示考生的账号、密码是否输入，创建项目“examsystem”并在其根目录下创建“index.html”作为登录前端页面，关键代码如下。

```
<form class="row">
    <div class="input-field">
        <label for="username">用户名</label>
        <input type="text" id="username" class="validate" name="username">
    </div>
    <div class="input-field">
        <label for="password">密码</label>
        <input type="password" id="password" class="validate" name=
"username">
    </div>
   <div class="col right">
       <input type="checkbox" id="rememberPassword"/>
       <label for="rememberPassword">记住密码</label>
    </div>
    <div class="col s12">
        <button type="button" class="waves-effect waves-light btn
col s6 push-s2" id="subBtn">登录</button>
    </div>
</form>
```

最终效果如3-9所示。

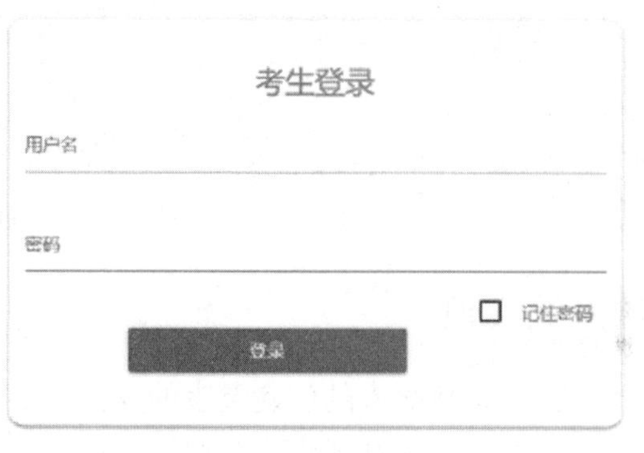

图3-9　考生登录

注意　　登录表单包括用户名、密码输入框和记录密码选择框。

通过login.js验证表单值是否输入；验证后通过ajax请求a/login.php验证账号密码是否正确，如果账号验证正确则跳转到a/personalinfo.php页面。此处js验证运用的是jquery框架，因此，在页面中需要引入jquery框架。

引入文件代码（在此不作详解）如下。

```
<head>
    <meta charset="UTF-8">
    <title>在线考试 -- 考生登录</title>
    <link href="./static/css/main.css" rel="stylesheet" type=
"text/css">
    <script src="./static/js/jquery.js" type="text/javascript"></script>
    <script src="./static/js/main.js" type="text/javascript"></script>
    <script src="./static/js/login.js" type="text/javascript"></script>
</head>
```

login.js文件代码如下。

```
$(function () {
    $('#subBtn').click(function () {
        var isChecked = $('#rememberPassword').prop('checked');
        var usernamVal = $('#username').val();
        var passwordVal = $('#password').val();
        if (!usernamVal) {
            Materialize.toast("请输入用户名", 2000);
            return;
        }
        if (!passwordVal) {
            Materialize.toast("请输入密码", 2000);
```

```
            return;
        }
        var con = {username: usernamVal, password: passwordVal};
        $.post("../a/login.php", con, function (data) {
            var result = JSON.parse(data);
            if (result.code < 1) {
                window.location.href = "../a/personalinfo.php";
            }
            Materialize.toast(result.msg, 2000);
        });
    });
});
```

利用ajax将表单提交给login.php后端页面作为数据验证，具体代码如下。

```
<?php
require_once '../lib/Init.php';
fromurl("login.php");
@$username = $_POST['username'];
@$password = $_POST['password'];
login($username, $password);
function login($username, $password)
{
   $result = (Object)NULL;
 global $db;
   if ($db->check($username, $password)) {
       $_SESSION['user'] = $username;
       //输入正确
       $result->code = 0;
   } else {
       //输入不正确
       $result->code = 1;
       $result->msg = "用户名或密码错误";
   }
   echo json_encode($result, JSON_UNESCAPED_UNICODE);
   $db->close();
}
```

注意 `$db->check($username,$password)`是通过$db对象的check方法对获取的表单中$username、$password值进行数据验证。此方法也是登录验证最核心的方法。$db对象对应的类在项目目录lib\DB.php文件中。

```
    //考生登录
     function check($username, $password)
        {
          $sql = "SELECT stud_id FROM users WHERE stud_name = '" .
$username . "' AND stud_password = '" . md5($password) . "'";
          $result = $this->query($sql);
            if ($result->num_rows == 1) {
             $row = $result->fetch_row();
             $_SESSION['uid']=$row[0];
                //正确
                return true;
           } else {
               //错误
               return false;
           }
        }
```

check方法是利用查询命令将考生输入的账号和密码作为条件在表users中查询，然后将结果返回login.php页面，页面根据返回结果进行业务逻辑判断，如果成功则利用session记录考生id，并返回状态给前端ajax，ajax进行判断，将页面跳转到personalinfo.php考生信息页面。personalinfo.php页面显示考生信息和考试入口，具体代码如下。

```
    <?php
    require_once '../lib/Init.php';
    $info=$db->getusers($_SESSION['uid']);
    ?>
    <!DOCTYPE html>
    <html lang="en">
    <head>
       <meta charset="UTF-8">
       <title>在线考试 -- 考生信息</title>
       <link href="../static/css/main.css" rel="stylesheet"
type="text/css">
       <script src="../static/js/jquery.js" type="text/javascript">
</script>
       <script src="../static/js/main.js" type="text/javascript"></script>
    </head>
    <body>
    <main class="container">
       <div class="card-panel hoverable row main">
```

```
            <div class="card-content black-text">
               <span class="card-title">考生信息</span>
                  <ul>
                    <li>
                      <span>用户名：</span>
                      <span><?php echo $info["u_name"]; ?></span>
                    </li>
                    <li>
                      <span>班级：</span>
                      <span><?php echo $info["u_class"]; ?> </span>
                    </li>
                    <?php if($info["start_time"]){?>
                    <li>
                      <span>成绩：</span>
                      <span> <?php echo $info["u_score"]; ?>分</span>
                    </li>
                    <?php } ?>
                 </ul>
            </div>
            <div class="card-action">
             <a href="../a/exam.php" class="waves-effect waves-light
btn">开始考试</a>
            </div>
          </div>
        </div>
      </main>
      </body>
   </html>
```

显示效果如图3-10所示。

考生信息

用户名：a
班级：网站1901
成绩：0分

开始考试

图3-10　考生信息页面

- `require_once '../lib/Init.php';`：引入基础操作。
- `$info=$db->getusers($_SESSION['uid']);`：根据登录记录的session，得到当前考生的基本信息并以数组类型存放，再通过`<?php echo $info["u_name"];?>`语句取出数据显示到页面中。
- `<a href="../a/exam.php" class="waves-effect waves-light btn">开始考试</a>`：单击“开始考试”，进入exeam.php在线考试页面（如图3-11所示）。

图3-11　在线考试页面

详细源代码在项目的lib/DB.php文件中，此文件是一个DB数据库类，其中提供了很多调用方法，下面按照页面讲解其方法实现。

```
    private $dbhost;
    private $dbUsername;
    private $dbPassword;
    private $dbName;
    private $db;
    //构造函数
    function __construct($dbhost, $dbUsername, $dbPassword, $dbName)
    {
    //将传递过来的参数赋给成员属性,便于调用
        $this->dbhost = $dbhost;
        $this->dbUsername = $dbUsername;
        $this->dbPassword = $dbPassword;
        $this->dbName = $dbName;
        $this->db = mysqli_connect($dbhost, $dbUsername, $dbPassword,
$dbName);
    }
```

上面这段代码是利用构造函数连接数据库的基础方法，成功连接MySQL数据库服务器后，返回连接标识并赋给成员属性db。只要操作数据库都会调用连接标识。

```
function query($sql){
    //设置编码,防止操作数据库时出现中文乱码
    mysqli_query($this->db,'set names utf8');
    //执行sql命令
    return mysqli_query($this->db,$sql);
}
```

query( )方法主要用于执行SQL命令，是利用扩展mysqli_query函数执行SQL命令，返回的值是一个PHP资源的引用指针，该返回值可以用在各种结果集处理函数中。结果集处理函数每次调用将自动返回下一条结果记录，如果已经到达结果集的末尾，则返回false。

```
function getusers($user)
    {
        $sql = "SELECT * FROM users WHERE u_id = '" . $user . "'";
        $result = $this->query($sql);
        if ($result->num_rows == 1) {
            return $result->fetch_assoc();
        }
}
```

getusers( )方法是获取当前考生信息最核心的方法，主要是以考生登录的u_id为条件，利用数据库select查询命令查询，就可直接调用DB类中的query( )方法，方法执行后，数据以对象类型返回，并将结果赋值给$result变量。

- `$result->num_rows`：返回结果集中行的数量。
- `$result->fetch_assoc()`：返回一个关联数组。

2. 试题生成及考试

在线考试页面是利用查询数据库数据的原理，将题库内的数据随机组合为试卷。具体代码如下。

```
<!doctype html>
<html>
<head>
    <meta charset="UTF-8">
    <title>在线考试 -- 试卷</title>
    <link href="../static/css/main.css" rel="stylesheet" type=
"text/css">
    <script src="../static/js/jquery.js"></script>
```

```
        <script src="../static/js/main.js"></script>
    </head>
    <body class="exam" >
        <div class="Box">
            距离考试结束还有:<span id="time"></span><span class="end"></span>
        </div>
        <?php
         require_once '../lib/Init.php';
         fromurl("exam.php");
         //根据登录记录的用户记录考试开始时间
         $db->setStartTime($_SESSION['user']);
         echo "<form><h5>一、选择题(每小题3分)</h5>";
         //获取并生成选择题
         $db->getRadioQuestion();
         echo "<h5>二、判断题(每小题2分)</h5>";
         //获取并生成判断题
         $db->getJudgmentQuestion();
         echo "<h5>三、填空题(每小题5分)</h5>";
         //获取并生成填空题
         $db->getCompletionQuestion();
         echo "<div class='Box_btn' ><a type='button' id='submit'
class='waves-effect waves-light btn col s6 push-s2'>交卷</a></div>";
         echo "</form>";
        ?>
    <script type="text/javascript" src="../static/js/exam.js"></script>
        </body>
    </html>
```

注意　　此页用到的方法都在DB类文件中。

- `$db->setStartTime()`：是指$db对象中的setStartTime( )方法。
- `$db->getRadioQuestion()`：是指$db对象中的getRadioQuestion ( )方法，是获取选择题的方法。
- `$db->getJudgmentQuestion()`：是指$db对象中的getJudgmentQuestion ( )方法，是获取判断题的方法。
- `$db->getCompletionQuestion()`：是指$db对象中的getCompletionQuestion ( )方法，是获取填空题的方法。

其中，setStartTime( )方法利用数据库update命令将表users中的start_time字段值修改为当前日期时间；now()用于MySQL数据库获取当前的日期和时间。代码如下。

```
    //设置开始时间
      function setStartTime($username)
      {
          $sql = "UPDATE users SET start_time = now() WHERE stud_name = 
'" . $username . "'";
          $this->query($sql);
    }
```

3. 管理员登录

在线考试系统分为考生考试和考试系统后台管理两部分。考试系统后台管理功能有考试时间设置、考生录入、题库录入等功能。管理员登录和考生登录类似。管理员登录页面如图3-12所示。

图3-12　管理员登录页面

前端显示具体代码如下。

```
    <!doctype html>
    <html>
    <head>
        <meta charset="UTF-8">
        <title>在线考试 -- 管理员登录</title>
        <link href="../static/css/main.css" rel="stylesheet" type=
"text/css">
        <script src="../static/js/jquery.js" type="text/javascript">
</script>
        <script src="../static/js/main.js" type="text/javascript"></script>
    </head>
    <body>
    <nav class="blue">
        <div class="nav-wrapper">
            <a href="#" class="brand-logo">在线考试</a>
            <ul id="nav-mobile" class="right hide-on-med-and-down">
```

```
        </ul>
      </div>
    </nav>
    <main class="container row m-login" >
      <form id="form" class="card-panel col s12 z-depth-5" method=
"post" action="../a/manager.php" >
        <h4 class="center text">管理员登录</h4>
        <div class="input-field col s10 offset-s1">
          <label for="username">请输入用户名</label>
          <input type="text" name="username" id="username">
        </div>
        <div class="input-field col s10 offset-s1">
          <label for="password">请输入密码</label>
          <input type="password" name="password" id="password">
        </div>
            <div class="input-field col s10 offset-s1 login-btn">
            <button type="submit" class="waves-effect waves-light
btn blue col s4 offset-s7 l2 offset-l9" id="submitBtn">登录</button>
           </div>
        </form>
      </main>
      </body>
    </html>
```

注意

后台模块创建在项目admin目录中，上述代码是登录页面login.html的源码，未进行验证，直接通过后台PHP对账号数据验证，读者可以自己进行前、后台验证。

项目中“a/manager.php”文件内有代码`echo("<script>alert('用户名或密码错误!!请重新输入');location.href='../admin/login.html'</script>");`代码中利用echo输出js的方式实现提示信息输出并跳转到登录页面。

4. 试题录入

管理员登录成功，进入试题录入页面（页面源码在项目a/examination.php中），效果如图3-13所示。

可以看到，该页面中包括考试时间设置，选择题、判断题、填空题等考题录入功能。下面讲解如何实现上述功能。

1）考试时间设置

利用ajax设置考试时间功能，页面的js代码具体如下。

图3-13　试题录入页面

```
<script>
   $('#set_exam_time_btn').click(function () {
       var timeSpaceVal = $('#exam_time').val();
       console.log(timeSpaceVal);
$.post('../a/admin.php',{timeSpace:timeSpaceVal},function (data) {
             var $toastContent = $("<span>" + data + "</span>");
             Materialize.toast($toastContent, 2000);
         });
     });
</script>
```

后端利用update命令修改表dateTable的date_val字段值。因为表数据只有一条记录，所以命令行不设置条件，此处不建议这样操作，修改命令在使用时一定要设置条件。代码如下。

```
function setExamTimeSpace($timeSpace){
      $sql = "UPDATE dateTable SET date_val = '".$timeSpace."'";
     $this->query($sql);
}
```

2）考题录入

考题种类分为3类，利用js前端选择考题类型录入考题，利用PHP后端接收ajax提交过来的数据。代码如下。

```
<?php
require_once '../lib/Init.php';
fromurl("admin.php");
```

```
@$ques_id = $_POST['ques_id'];
@$ques_class = $_POST['ques_class'];
@$ques_content = $_POST['ques_content'];
@$ques_result_A = $_POST['radio_result_item_A'];
@$ques_result_B = $_POST['radio_result_item_B'];
@$ques_result_C = $_POST['radio_result_item_C'];
@$ques_result_D = $_POST['radio_result_item_D'];
@$ques_result = $_POST['ques_result'];
@$exam_timeSpace = $_POST['timeSpace'];
//组合生成guid编号,避免重复
function guid($opt = true)
{
   if (function_exists('com_create_guid')) {
      if ($opt) {
         return com_create_guid();
      } else {
         return trim(com_create_guid(), '{}');
      }
    } else {
       mt_srand((double)microtime() * 10000);
       $charid = strtoupper(md5(uniqid(rand(), true)));
       $hen = chr(45);    // "-"
       $left_curly = $opt ? chr(123) : "";     //  "{"
       $right_curly = $opt ? chr(125) : "";    //  "}"
       $guid = $left_curly
          . substr($charid, 0, 8) . $hen
          . substr($charid, 8, 4) . $hen
          . substr($charid, 12, 4) . $hen
          . substr($charid, 16, 4) . $hen
          . substr($charid, 20, 12)
          . $right_curly;
       return $guid;
    }
}
//考题录入逻辑代码
if ($ques_class == 'radio') {
   $db->insertRadio(guid(false), $ques_class, $ques_content, $ques_
result, $ques_result_A, $ques_result_B, $ques_result_C, $ques_result_D);
```

```
        echo json_encode("录入成功", JSON_UNESCAPED_UNICODE);
    }
    if ($ques_class == 'judgment' || $ques_class == 'completion') {
        $db->insertJudgmentAndCompletion(guid(false), $ques_class,
$ques_content, $ques_result);
        echo json_encode("录入成功", JSON_UNESCAPED_UNICODE);
    }
    $db->close();
```

$db->insertRadio( )方法是lib/DB.php中的DB类方法利用insert into命令将试题数据添加到question试题表中。

注意 在添加数据时，注意字段数和表字段要一一对应，字段顺序也要对应。表中的自动增量可不传入值，由mysql执行语句时自动填充。

```
    //插入选择题的数据
        function insertRadio($ques_id, $ques_class, $ques_content,
$ques_result, $ques_result_A, $ques_result_B, $ques_result_C, $ques_
result_D)
        {
            $sql = "INSERT INTO question VALUES ('" . $ques_id . "','"
. $ques_class . "','"
                . $ques_content . "','" . $ques_result . "','" .
$ques_result_A . "','"
                . $ques_result_B . "','" . $ques_result_C . "','" .
$ques_result_D . "',3)";
            $this->query($sql);
        }
    //插入判断题和填空题的数据
        function insertJudgmentAndCompletion($ques_id, $ques_class,
$ques_content, $ques_result)
        {
            $score = 0;
            if ($ques_class == 'judgment') {
                $score = 2;
            }
            if ($ques_class == 'completion') {
                $score = 3;
            }
```

```
        $sql = "INSERT INTO question(ques_id,ques_class,ques_
content,ques_result,ques_score) VALUES ('"
            . $ques_id . "','" . $ques_class . "','" . $ques_
content . "','" . $ques_result . "'," . $score . ")";
        $this->query($sql);
    }
```

5. **考生录入**

关于考生录入功能，在此讲解实现原理。考生录入功能的实现和前面试题录入功能的实现原理类似，也是利用insert into 语句将表单数据接收并提交到考生表users中，从而完成考生信息的录入。考生录入表单如图3-14所示。

图3-14　考生录入表单

考生录入前端表单提交也是利用ajax实现的，后端制作表单项验证。实现代码如下。

```
    <!doctype html>
    <html>
    <head>
        <meta charset="UTF-8">
        <title>在线考试 -- 考生录入</title>
        <link href="../static/css/main.css" rel="stylesheet" type=
"text/css">
        <script src="../static/js/jquery.js" type="text/javascript"></script>
        <script src="../static/js/main.js" type="text/javascript"></script>
    </head>
    <body>
    <nav class="blue">
        <div class="nav-wrapper">
            <a href="#" class="brand-logo">在线考试</a>
            <ul id="nav-mobile" class="right hide-on-med-and-down">
             <li><a href="../a/examination.php" >试题录入</a></li>
```

```
        </ul>
      </div>
    </nav>
    <main class="container">
       <h4 class="center text">考生录入</h4>
       <div class="row card-panel z-depth-5">
          <form class="col s8 offset-s2 m6 offset-m3 l4 offset-l4">
          <div class="input-field">
             <label for="username">考生名</label>
             <input type="text" id="username" class="validate" name=
"username" >
          </div>
          <div class="input-field">
             <label for="userclass">所在班级</label>
             <input type="text" id="userclass" class="validate" name=
"userclass" >
          </div>
          <div class="input-field">
             <label for="password">密码(6-18位)</label>
             <input type="password" id="password" maxlength="18" class=
"validate" name="password" >
          </div>
          <div class="input-field">
             <label for="rePassword">重复密码(6-18位)</label>
             <input type="password" id="rePassword" maxlength="18" class=
"validate" name="rePassword" >
          </div>
          <div class="input-field">
             <input type="text" id="verify" class="validate col s5 m5
l5" name="verify" >
             <label for="verify">验证码</label>
             <img src="../a/code.php" class="col s3 m3 l5 offset-s2
offset-m2 offset-l2" id="verifyImg" style="cursor: pointer" />
          </div>
          <div class="col s12">
             <Buttons type="button" class="waves-effect waves-light btn"
id="registerBtn">考生录入</Buttons>
          </div>
```

```
    </form>
    </div>
  </main>
  <script>
    $('#verifyImg').click(function () {
      $('#verifyImg').attr('src', '../a/code.php?' + Math.random());
    });
    $('#registerBtn').click(function () {
      var usernameVal = $('#username').val();
      var userclassVal = $('#userclass').val();
      var passwordVal = $('#password').val();
      var rePasswordVal = $('#rePassword').val();
      var verifyVal = $('#verify').val();
      var con = {
        username: usernameVal,
        userclass:userclassVal,
        password: passwordVal,
        rePassword: rePasswordVal,
        verify: verifyVal
      };
      $.post('../a/register.php', con,function (data) {
          var result = JSON.parse(data);
            var $toastContent = $("<span>" + result.message + "</span>");
            Materialize.toast($toastContent, 5000);
          if(result.code==1){
             location.href='register.html';
          }
             console.log(data);
          }
      );
    });
    </script>
    </body>
  </html>
```

利用PHP提供的md5函数将密码加密，相对明文安全，学生成绩的初始值默认为0。后端实现的核心方法的代码（项目lib/DB.php文件）如下。

```
  //新增考生
  function insert($username,$class,$password)
    {
```

```
        $sql = "INSERT INTO users(stud_name,stud_password,stud_
class,stud_score) VALUES ('" . $username . "','" . md5($password) .
"','" . $class . "',0)";
        return $this->query($sql);
    }
```

6. 验证码

下面了解验证码的作用和实现原理。验证码存在的意义在于，在Web项目中有时会遇到客户机的恶意攻击，利用身份欺骗这种攻击手段，通过客户机在网站反复尝试登录，或者攻击者创建一个和注册用户相同的页面，其字段相同，然后利用“http-post”传输数据到服务器，服务器也执行相应的操作创建用户，同样也会提交其他数据。如果服务器不能有效地验证或者拒绝此非法操作，就会严重耗费服务器的系统资源，从而降低网站的性能，甚至还会使系统崩溃。

为避免这种攻击，需要判断访问Web项目的是合法用户还是恶意操作，可以采用“字符校验”技术。Web项目为客户提供了一个包含随机字符串的图片，用户读取这些字符串，然后随考生录入表单项一起提交，操作者可以很容易地读出图片中的数字、字母。但如果是客户端攻击代码，通过一般手段是很难识别随机生成的字符串图片的，图片里加一些干扰像素（防止OCR），用户肉眼识别其中的验证码信息，看起来都费劲，机器识别起来就更困难，这样就可以确保当前访问是来自一个人而非机器，这就是所谓的验证码。验证码一般是防止有人利用机器自动批量注册，或对特定注册用户用特定程序以暴力破解方式进行不断尝试登录等相关操作。此处考生录入输入验证码就是为了防止类似事件发生而设置的。

实现验证码的方式有很多，这里运用“加法”来实现，在项目目录a下新建一个code.php来生成验证码。具体代码如下。

```
    <?php
    //启动会话主要用于后面记录验证码得到的结果
    session_start();
    //调用生成验证码函数
    getCode(120, 26);
    //定义生成验证码函数,$w验证码图片宽度,$h验证码图片高度
    function getCode($w, $h) {
    //创建图像
    $im = imagecreate($w, $h);
    //绘制背景,使用Mersenne Twister算法返回随机整数
    $bg = imagecolorallocate($im, mt_rand(0, 125), mt_rand(0, 100),
mt_rand(0, 140));
    //绘制一个用color颜色填充了的矩形
    imagefilledrectangle($im, 0, 0, 120, 26, $bg);
    //在画布上随机生成干扰点
```

```
    $gray = imagecolorallocate($im, 100, 150, 189);
    for ($i = 0; $i < 60; $i++) {
        imagesetpixel($im, rand(0, $w), rand(0, $h), $gray);
    }
    $n1 = rand(1, 50);
    $n2 = rand(1, 90);
    //记录其值
    $_SESSION['code'] = $n1 + $n2;
    $red = imagecolorallocate($im, 255, 0, 0);
    //水平绘制字符串
    imagestring($im, 5, 5, 4, $n1, $red);
    imagestring($im, 5, 30, 3, "+", $red);
    imagestring($im, 5, 45, 4, $n2, $red);
    imagestring($im, 5, 60, 3, "=", $red);
    $white = imagecolorallocate($im, 255, 255, 255);
    imagestring($im, 5, 70, 2, "?", $white);
    //告诉浏览器输出的内容是图像
    header("Content-type: image/png");
    //以PNG格式输出图像
    imagepng($im);
    //销毁图像资源
    imagedestroy($im);
    }
?>
```

代码中大量利用PHP绘图相关的函数，这些函数也可以说明利用PHP生成图片验证码的最基本原理。由于是生成图片，两个数相加之和是利用session保存的，便于表单提交验证依据。

在上面考生录入表单中直接使用img标签输出code.php图片验证码，图片验证码更换可以使用js来实现。单击图片即可切换新验证码，利用jquery访问code.php重新生成验证码图片，为保证每一次请求得到最新验证码，在请求code.php页面时添加一个大于等于 0且小于 1 的随机数。具体代码如下。

```
    $('#verifyImg').click(function () {
        $('#verifyImg').attr('src', '../a/code.php?' + Math.random());
    });
```

至此，一个简单的在线考试系统就完成了。如果要制作一个功能强大的在线考试系统，还需要考虑很多问题。就目前实现的代码而言，主要讲解的是如何制作Web项目，以及如何利用html、js、PHP实现该Web项目的开发的。

项 目

4

信息资料管理

项目目标

- 了解并掌握数据库设计（三范式）。
- 掌握数据库的使用技巧。
- 掌握PHP与MySQL数据库的连接、操作及SQL语句灵活运用。
- 掌握PHP函数进阶。

技能要点

- 理解并掌握常用数据库设计及设计规范。
- 掌握项目中数据的增、删、改、查操作方式及应用。
- 掌握PHP其他函数的用法。

4.1 项目描述

近些年来，信息资料管理越来越受到企业的重视，但是企业在进行资料管理的过程中经常会遇到以下问题：大量信息资料存储、管理困难；信息资料查找缓慢，效率低；信息资料的版本管理混乱；信息资料的安全得不到保障；信息资料无法有效分享、协作共享，等等。

线上信息资料管理系统已成为发展趋势之一，互联网具有的交互性、共享性、分布性、开放性的特点使信息资料管理突破了时间和空间的限制，也冲破了传统的笔和纸的界限，越来越多的公司采用线上信息资料管理系统。利用线上信息资料管理系统，不仅可以方便地管理信息资料，而且可以确保信息资料的共享便捷性及安全性，大幅度提高工作效率，还可以节约大量的人力、物力与财力，并可以保护环境。

4.2 涉及知识

一个完整的Web项目离不开数据的存储，数据库的地位也因此凸显出来了。设计数据库是需要遵循规范的，特别是在设计关系型数据库时，需要遵循不同的规范要求，才能设计出合理的关系型数据库。这些不同的规范要求被称为“不同的范式”，各种范式呈递次关系，越高的范式数据库冗余越小。

关系型数据库的三范式是指第一范式（1NF）、第二范式（2NF）、第三范式（3NF）。

- 1NF：有主键，原子性，字段不可再分，否则就不是关系型数据库。
- 2NF：有主键，非主键字段依赖主键；唯一性，一个表只说明一个事物。
- 3NF：非主键字段不能相互依赖；每列都与主键有直接关系，不存在传递依赖。

1. 第一范式（1NF）

第一范式（1NF）即表的列具有原子性，不可再分解，列的信息不能分解，只要数据库是关系型数据库（MySQL，Oracle，DB2，Informix，Sysbase，Sql Server）就自动满足第一范式（1NF）。数据库表的每一列都是不可分割的原子数据项，不能是集合、数组、记录等非原子数据项。如果实体中的某个属性有多个值，则必须将其拆分为不同的属性。通俗地理解，即一个字段只存储一项信息。第一范式（1NF）如图4-1所示。

2. 第二范式（2NF）

第二范式（2NF）是在第一范式（1NF）的基础上建立起来的，即满足第二范式（2NF）必须先满足第一范式（1NF）。第二范式（2NF）要求数据库表中的每个实例或行必须可以被唯一地区分。为实现区分，通常需要设计一个主键来实现（这里的主键不包含业务逻辑）。

用户ID	用户名	密码	姓名	电话
1	zhang3	*******	张三	13888888888

用户ID	用户名	密码	用户信息	
			姓名	电话
1	Zhang3	******	张三	13888888888

图4-1　第一范式（1NF）

满足第一范式（1NF）的前提，当存在多个主键时，才会发生不符合第二范式（2NF）的情况。例如，有两个主键不能存在这样的属性，它只依赖于其中一个主键，这就是不符合第二范式（2NF）。通俗地理解，即任意一个字段都只依赖表中的同一个字段（涉及到表的拆分）。

3. 第三范式（3NF）

满足第三范式（3NF）必须先满足第二范式（2NF）。简而言之，第三范式（3NF）要求一个数据库表中不包含已在其他表中已包含的非主键字段。也就是说，表的信息如果能够被推导出来，就不应该单独设计一个字段来存放（能尽量用外键join就用外键join）。为了满足第三范式（3NF），很多时候往往会把一张表分成多张表。

满足第二范式（2NF）的前提，如果某一属性依赖于其他非主键属性，而其他非主键属性又依赖于主键，那么这个属性就是间接依赖于主键，这被称作“传递依赖于主属性”。 通俗地理解，即一张表最多只存储两层同类型的信息。第三范式（3NF）如图4-2所示。

资料名称	资料简介	所属类别	分类描述
Photoshop	UI 学习	教科书	图像处理
HTML5	网站学习	教科书	网站开发

资料 ID	资料名称	资料描述
1	HTML5	网站开发

分类 ID	分类	分类描述
1	教科书	网站开发

分类 ID	资料 ID
1	1

图4-2　第三范式（3NF）

要实现信息资料管理项目数据库的设计，首先要明确系统主要实现的功能。资料类别、资料录入、管理员登录等都是信息资料管理最基本的功能。

4.2.1 确定资料类别表的结构

在开发项目时最主要的就是分析项目需求，只有在清楚了解项目需求之后，才可以创建数据表。在本项目中，可以通过表category存储信息资料类别，资料类别具体包括“类别ID”和“类别名称”。具体表结构如表4-1所示。

表4-1 资料类别表的结构

编 号	字段名称	数据类型	长 度	是否为空	默 认 值	主 键	备 注
1	cate_id	int	5	×	自动递增	√	类别ID
2	cate_name	varchar	50	×			类别名称

4.2.2 创建数据库和数据库中的表

在开发项目时首先创建一个数据库，然后管理数据库中的表。下面为项目创建一个名为information的数据库，并在数据库中创建用于存储信息资料类别的表category。SQL语句如下。

```
-- 项目数据库名
CREATE DATABASE information
CHARSET UTF8;
-- 选择数据库
use information;
-- 创建信息资料类别表
CREATE TABLE category(
cate_id INT UNSIGNED PRIMARY KEY AUTO_INCREMENT COMMENT '主键',
cate_name VARCHAR(50) NOT NULL COMMENT '类别名称'
)ENGINE=InnoDB CHARSET=UTF8 COMMENT='信息资料类别表';
```

注意 语句中的AUTO_INCREMENT用于设置u_id字段的自动递增，NOT NULL用于设置该字段的默认值为非空。

- `UNSIGNED`：每一种整型数据都分为无符号（unsigned）和有符号（signed）两种类型（float和double总是带符号的）。在除char以外的数据类型中，默认情况下，声明的整型变量都是有符号的类型；char在默认情况下总是无符号的。如果需声明无符号类型，就需要在类型前加上unsigned。
- `PRIMARY KEY`：将cate_id设置为该表的主键。当创建或更改表时，可通过定义primary key 约束来创建主键。一个表只能有一个 primary key 约束，而且 primary key 约束中的列不能接受空值。因为 primary key 约束确保数据唯一性，所以经常用来定义标识列。
- `COMMENT`：字段的说明。

通过以上代码段可以看到，在创建表时使用了存储引擎。MySQL常用的存储引擎如表4-2所示。

表4-2　MySQL常用的存储引擎

存储引擎	描　　述
ARCHIVE	用于数据存档的引擎（行被插入后就不能再修改了）
BLACKHOLE	这种存储引擎会丢弃写操作，读操作会返回空内容
CSV	这种存储引擎在存储数据时会以逗号作为数据项之间的分隔符
FEDREATED	用来访问远程表的存储引擎
InnoDB	用于具备外键支持功能的事务处理引擎
MEMORY	用来管理由多个MyISAM表构成的表集合，主要为非事务处理存储引擎
MERGE	MySQL集群专用存储引擎
MyISAM	用来访问远程表的存储引擎
NDB	用于具备外键支持功能的事务处理引擎

下面一一介绍各存储引擎。

1. InnoDB 存储引擎

MySQL 的默认引擎有以下几项功能。

（1）表在执行提交和回滚操作时使用事务处理安全可靠，可以通过创建保存点来实现部分回滚。

（2）在系统崩溃后可以自动恢复。

（3）对外键和引用完整性支持，包括级联删除和更新。

（4）基于行级别的锁定和多版本化，使得在执行同时包含有检索和更新操作的组合条件查询时，可以表现出很好的并发性能。

（5）从 MySQL 5.6 开始，InnoDB 支持全文搜索和 FULLTEXT 索引。

2. MyISAM 存储引擎

（1）当保存连续相似的字符串索引值时，它会对键进行压缩，也可开启压缩相似数字索引功能（PACK_KEYS=1）。

（2）为 AUTO_INCREATMENT 提供了更多的功能。

（3）每个 MyISAM 表都有一个标记，在执行表检查操作时被设置；还有一个标记，用于表明该表在上次使用后是否被正常关闭，服务器会检查标记并进行表修复。

（4）支持全文检索和 FULLTEXT 索引。

（5）支持空间数据类型和 SPATIAL 索引。

3. MEMORY 存储引擎

MEMORY 存储引擎会将表存储在内存里，并且表的行长度固定不变，因此，相关操作非常快。

（1）默认情况下，MEMORY 表使用的是散列索引，对于“相等比较”非常快，对于“范围比较”非常慢，只适合“=”“<=>”，不太适合“>”“<”，以及ORDER BY

子句。

（2）MEMORY 表里的行使用长度固定不变的格式，不能使用长度可变的数据类型 BLOB 和 TEXT，但是可以使用 VARCHAR（虽然长度可变，但是在 MySQL 内部被当作一种长度固定不变的 CHAR 类型）。

4. NDB 存储引擎

该引擎是 MySQL 的集群存储引擎。对于这个存储引擎，MySQL 服务器实际上变成了一个其他进程（提供对 NDB 表的访问）的集群客服端。集群节点会处理彼此间的通信，因而在内存中实现对表的管理，这些表会在集群进程之间被复制。内存存储提供了高性能，而集群机制又提供了高可用性，因此，即使某个节点发生故障，整个系统也不会崩溃。

5. 其他存储引擎

（1）ARCHIVE 引擎提供数据归档存储功能，适用于大批量存储那些“写了就不会再更改”的行。可以使用 INSERT 和 SELECT，不能使用 DELETE 或 UPDATE。存储时压缩，检索时解压。ARCHIVE 表包含一个带索引的 AUTO_INCREMENT 列，但其他列不能被索引。

（2）BLACKHOLE 引擎所创建的表其写操作会被忽略，读操作返回空内容。这个数据库等同于 UNIX 系统上的 /dev/null 设备。

（3）CSV 引擎在存储数据时会使用逗号分隔值。对于每个表，它会在数据库目录里创建一个*.CSV文件。这是一个普通的文本文件，其中每个表行占用一个文本行，但不支持索引。

（4）FEDREATED 引擎提供了访问由其他 MySQL 服务器进行管理的表的能力。就是说，FEDREATED 表的内容实际上位于远程，当创建 fedreated 表时，需要指定一台运行着其他服务器的主机，并提供该服务器上某个账户的用户名和密码。当要访问 fedreated 表时，本地服务器将使用这个账户连接那台远程服务器。

（5）MERGE 引擎提供了一种将多个 MyISAM 表合并为一个逻辑单元的手段。查询一个merge表时，相当于查询其所有的成员表。好处是，可以突破文件系统对单个MyISAM 表的最大尺寸所设定的限制。分区表可以替换merge表，并且不会受限于 MyISAM 表。

4.2.3 在信息资料类别表中添加数据并查询

信息资料类别表创建成功，可添加数据测试。SQL语句如下。

```
INSERT INTO
        category(cate_name)
VALUES
        ('社会类'),
        ('小说类'),
        ('新闻类'),
        ('管理类');
```

注意

上述代码是向信息资料类别表中插入4条数据记录，每条数据记录中包含“资料类别名称”，从语句中可以看出并没有指定cate_id字段。因为cate_id数据由MySQL主键的自动递增来产生，所以在操作中不需要将该字段放到语句中。

数据添加成功，就被保存到数据库中，可以通过查询SQL语句将保存的数据记录查询出来。SQL语句如下。

```
select * from category;
```

注意

以上完成了信息资料类别表的创建，该项目还包括管理员、信息资料表等，也是用类似方法创建的。

4.2.4 确定信息资料表的结构

在本项目中，可以通过表tab_infor来存储信息资料。信息资料具体包括“信息ID”“资料名称”“资料编著”“资料图片”“资料简介”“资料出版社”“所属类别”。具体表结构如表4-3所示。

表4-3 信息资料表的结构

编号	字段名称	数据类型	长　度	是否为空	默 认 值	主　键	备　注
1	tab_id	int	5	×	自动递增	✓	信息ID
2	tab_name	varchar	50	×			资料名称
3	tab_username	varchar	10	×			资料编著
4	tab_image	varchar	100	×			资料图片
5	tab_content	varchar	500	×			资料简介
6	tab_publish	varchar	200	×			资料出版社
7	tab_name_id	int	4	×			所属类别

4.2.5 在数据库中创建信息资料表

在数据库中创建信息资料表tab_infor。SQL语句如下。

```
-- 创建信息资料表
CREATE TABLE tab_infor(
tab_id INT UNSIGNED PRIMARY KEY AUTO_INCREMENT COMMENT '主键',
tab_name VARCHAR(50) NOT NULL COMMENT '资料名称',
tab_username VARCHAR(10) NOT NULL COMMENT '资料编著',
tab_image VARCHAR(100) NOT NULL COMMENT '资料图片',
tab_content VARCHAR(500) NOT NULL COMMENT '资料简介',
tab_publish VARCHAR(20) NOT NULL COMMENT '资料出版社',
```

```
tab_name_id INT(4) NOT NULL COMMENT '所属类别'
)ENGINE=InnoDB CHARSET=UTF8 COMMENT='信息资料表';
```

4.2.6 在信息资料表中添加数据并查询

信息资料表创建成功，可添加数据测试。SQL语句如下。

```
INSERT tab_infor(tab_name,tab_username,tab_image,tab_content,tab_publish,tab_name_id)
VALUES
('DIV+CSS网页样式及布局','张三','img01.png','从入门到精通','XX出版社',1),
('JavaScript','李四','img01.png','从入门到精通','XX出版社',2),
('JQuery','王五','img01.png’ ,'从入门到精通','XX出版社',3),
('数据库','刘七','img01.png’ ,'从入门到精通','XX出版社',4);
```

注意

上述代码是向信息资料表中插入4条数据记录，每条数据记录中包含“资料名称”“资料编著”“资料图片”“资料简介”“资料出版社”“所属类别”，从语句中可以看出并没有指定tab_id字段。因为tab_id数据由MySQL主键的自动递增来产生，所以在操作中就不需要将该字段放到语句中。tab_name_id字段是资料类别的外键。

数据添加成功，就被保存到数据库中，可以通过查询SQL语句将保存的数据记录查询出来。SQL语句如下。

```
select * from tab_infor;
```

注意

以上完成了信息资料表的创建，该项目还包括管理员，也是用类似方法创建的。

4.2.7 确定管理员表的结构

在本项目中可以通过表reg来存储管理员信息资料，管理员信息资料具体包括“用户ID”“用户账号”“用户密码”。具体表结构如表4-4所示。

表4-4 管理员信息资料表的结构

编号	字段名称	数据类型	长度	是否为空	主键	备注
1	log_id	int	5	×	✓	用户ID
2	log_username	char	32	×		用户账号
3	log_userpwd	char	32	×		用户密码

注：这里使用第一范式。

4.2.8 在数据库中创建管理员表

在数据库中创建管理员表reg。SQL语句如下。

```
-- 创建管理员表
CREATE TABLE reg(
  log_id INT UNSIGNED PRIMARY KEY AUTO_INCREMENT COMMENT '主键',
  log_username CHAR(32) UNIQUE KEY NOT NULL COMMENT '用户账号',
  log_userpwd CHAR(32) NOT NULL COMMENT '用户密码,32位md5值'
)ENGINE=InnoDB CHARSET=UTF8 COMMENT='用户注册信息表结构';
```

4.2.9 在管理员表中添加数据并查询

管理员表创建成功，可添加数据测试。SQL语句如下。

```
INSERT  reg(log_username,log_userpwd)  VALUE ('admin','21232f297a
57a5a743894a0e4a801fc3');
```

上述代码是向管理员表中插入1条数据记录，数据记录中包含“用户账号”和“用户密码”。从语句中可以看出并没有指定log_id字段，因为log_id数据由MySQL主键的自动递增来产生，所以在操作中不需要将该字段放到语句中。

数据添加成功，被保存到数据库中，可以通过查询SQL语句将保存的数据记录查询出来。SQL语句如下。

```
select * from 'reg';
```

以上完成了管理员的创建，该项目的数据表全部创建完成。

1. MySQL 数据表的操作

在信息资料管理项目中，对数据表的操作以信息资料表为例。

1）添加信息

SQL语句如下。

```
 INSERT
tab_infor(tab_name,tab_username,tab_image,tab_content,tab_publish,tab_
name_id)
VALUES
('DIV+CSS网页样式及布局','张三','img01.png','从入门到精通','XX出版社',1);
```

添加语句的语法格式如下。

```
insert 表名('字段1', '字段2', '字段3', '字段4', '字段5', '字段6',)
values('字段值1', '字段值2', '字段值3', '字段值4', '字段值5', '字段值6')
```

2）修改信息

SQL语句如下。

```
UPDATE tab_infor SET tab_name = 'DIV+CSS网页样式及布局1' WHERE tab_id = 1;
```

- WHERE：修改某个字段的某个数据，添加WHERE约束条件。

修改语句的语法格式如下。

```
update 表名 set 修改的字段 = '修改的字段值' where 约束条件的字段 = 约束条件的字段值
```

3）删除信息

SQL语句如下。

```
DELETE FROM category WHERE cate_id = 2;
```

- WHERE：删除某个字段的某个数据，添加WHERE约束条件。

删除语句的语法格式如下。

```
delete 表名 where 约束条件的字段 = 约束条件的字段值
```

4）联合查询（多表查询）

在数据库中会存储大量重复的字段数据，例如信息资料表的资料分类，如果以字符串形式存储，所占存储空间会非常大。为了解决此问题，使用联合查询。SQL语句如下。

```
SELECT t.tab_id,c.cate_name,t.tab_name,t.tab_username,t.tab_content,t.tab_publish FROM tab_infor as t INNER JOIN category as c ON t.tab_name_id = c.cate_id ORDER BY t.tab_id ASC;
```

执行联合查询需要将字段来源的表也一起标注。

可以利用 as 语句为表、数据库、字段起别名，以简化程序。

```
SELECT t.tab_id ,
c.cate_name as name -- 字段取别名
t.tab_name,
t.tab_username,
t.tab_content,
t.tab_publish FROM
tab_infor as t -- 表取别名
-- 将父表正连子表的关联查询
INNER JOIN category as c
   -- 建立父表与子表相互关联
ON t.tab_name_id = c.cate_id;
```

- Order by：此语句用于对结果集以指定的列进行排序，常用的排序方式有DESC（降序）、ASC（升序），不写就默认为升序排序。

一旦使用as语句设定字段或者库名的别名，除了设定语句中的字段名或者库名使用全写之外，其他都可以使用别名形式。

```
SELECT t.tab_id,c.cate_name,t.tab_name,t.tab_username,t.tab_
content,t.tab_publish
FROM
tab_infor as t
INNER JOIN category as c ON t.tab_name_id = c.cate_id
```

联合查询的关键如下。

（1）查询显示的字段中必须有一个或者多个字段来源于父表。

（2）需要连接父表，通过 ON 连接条件。

（3）关系连接有left join，right join，outer join。

在 MySQL 多表关联查询中，关键字 Join 必不可少。Join的含义就如同英文单词"join"，可以连接两张表，大致分为内连接（inner join）和外连接（outer join），右连接（right join）和左连接（left join），自然连接（natural join）等，各使用方法如图4-3所示。

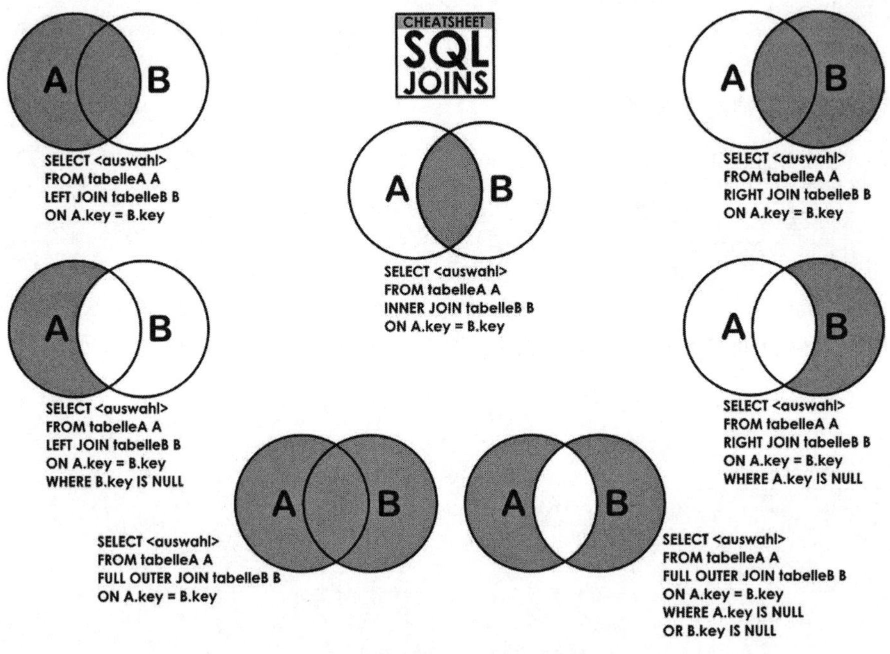

图4-3　关联查询中"join"的使用方法

下面通过一个语句案例来讲解关联查询（案例中用到blog和type两张表）。

博客（blog）表创建语句如下。

```
CREATE TABLE blog(
        id INT PRIMARY KEY AUTO_INCREMENT,
        title VARCHAR(50),
        typeId INT(4)
);
```

添加数据后查询其数据的语句为`SELECT * FROM blog;`。执行结果如下。

```
+----+-------+--------+
| id | title | typeId |
+----+-------+--------+
|  1 | aaa   |      1 |
|  2 | bbb   |      2 |
|  3 | ccc   |      3 |
|  4 | ddd   |      4 |
|  5 | eee   |      4 |
|  6 | fff   |      3 |
|  7 | ggg   |      2 |
|  8 | hhh   |   NULL |
|  9 | iii   |   NULL |
| 10 | jjj   |   NULL |
+----+-------+--------+
```

博客的类别创建语句如下。

```
CREATE TABLE type(
    id INT(4) PRIMARY KEY AUTO_INCREMENT,
    name VARCHAR(20)
);
```

添加数据后查询其数据的语句为`SELECT * FROM type;`。执行结果如下。

```
+----+------------+
| id | name       |
+----+------------+
|  1 | C++        |
|  2 | C          |
|  3 | Java       |
|  4 | C#         |
|  5 | Javascript |
+----+------------+
```

左连接：left join（两个表的交集 + 左表剩下的数据）。

语句如下。

```
SELECT * FROM blog as a LEFT JOIN type as b ON a.typeId=b.id;
```

执行结果如下。

```
+----+-------+--------+------+------+
| id | title | typeId | id   | name |
```

```
+----+-------+--------+------+------+
|  1 | aaa   |      1 |    1 | C++  |
|  2 | bbb   |      2 |    2 | C    |
|  7 | ggg   |      2 |    2 | C    |
|  3 | ccc   |      3 |    3 | Java |
|  6 | fff   |      3 |    3 | Java |
|  4 | ddd   |      4 |    4 | C#   |
|  5 | eee   |      4 |    4 | C#   |
|  8 | hhh   |   NULL | NULL | NULL |
|  9 | iii   |   NULL | NULL | NULL |
| 10 | jjj   |   NULL | NULL | NULL |
+----+-------+--------+------+------+
```

右连接：right join（两个表的交集 + 右表剩下的数据）。

语句如下。

```
SELECT * FROM blog as a RIGHT JOIN type as b ON a.typeId=b.id;
```

执行结果如下。

```
+------+-------+--------+----+------------+
| id   | title | typeId | id | name       |
+------+-------+--------+----+------------+
|    1 | aaa   |      1 |  1 | C++        |
|    2 | bbb   |      2 |  2 | C          |
|    3 | ccc   |      3 |  3 | Java       |
|    4 | ddd   |      4 |  4 | C#         |
|    5 | eee   |      4 |  4 | C#         |
|    6 | fff   |      3 |  3 | Java       |
|    7 | ggg   |      2 |  2 | C          |
| NULL | NULL  |   NULL |  5 | Javascript |
+------+-------+--------+----+------------+
```

外连接：outer join（求两个表的并集）。

语句如下。

```
SELECT * FROM blog as a OUTER JOIN type as b ON a.typeId=b.id
```

等价于

```
SELECT * FROM blog as a LEFT JOIN type as b ON a.typeId=b.id
    UNION
SELECT * FROM blog as a RIGHT JOIN type as b ON a.typeId=b.id;
```

执行结果如下。

```
+------+-------+--------+------+------------+
| id   | title | typeId | id   | name       |
+------+-------+--------+------+------------+
|    1 | aaa   |      1 |    1 | C++        |
|    2 | bbb   |      2 |    2 | C          |
|    7 | ggg   |      2 |    2 | C          |
|    3 | ccc   |      3 |    3 | Java       |
|    6 | fff   |      3 |    3 | Java       |
|    4 | ddd   |      4 |    4 | C#         |
|    5 | eee   |      4 |    4 | C#         |
|    8 | hhh   |   NULL | NULL | NULL       |
|    9 | iii   |   NULL | NULL | NULL       |
|   10 | jjj   |   NULL | NULL | NULL       |
| NULL | NULL  |   NULL |    5 | Javascript |
+------+-------+--------+------+------------+
```

5）分页查询

因为查询出的数据太多，没办法一次都显示在页面中，需要有分页显示的概念。以信息资料表为例，显示最开始的5条数据。SQL语句如下。

```
SELECT * FROM tab_infor LIMIT 0,5;
```

- 0：第一条数据的排序号（下标），与id无关。
- 5：显示查询数据的数量。

LIMIT语句为分页显示（查询）语句，需要两个数据。

- 第一个数据：显示（查询）起始数据的排序号（下标）。
- 第二个数据：当前显示的数据数量。

如果继续显示第二页内容，则开始为第6条数据，即排序号（下标）是5，每页显示5条记录。语句如下。

```
SELECT * FROM tab_infor
LIMIT 5,5;
```

根据以上得出分页公式如下。

```
LIMIT(当前显示数据的所在页数-1)*参数2，参数2
```

- 参数2：表示每页显示的数据数量。

总页数公式如下。

```
总页数=总数据量/每页数据量
```

此处总页数结果可利用ceil()函数来向上取整获得。

6）模糊查询

查找信息资料表中资料名称含有“html”的数据。SQL语句如下。

```
SELECT tab_id,tab_name FROM tab_infor WHERE tab_name LIKE '%html%';
```

语法格式如下。

```
SELECT 字段 FROM 表名 WHERE 字段 LIKE '需要模糊查询的内容';
```

通过特殊符号“%”和“_”来实现模糊查询。

- %：可以替代任何长度的任何内容。
- _：可以替代一个长度的任何内容。

%表示任意长度，可以是0个，也可以是任意多个。“%html%”，表示“html”前后内容的长度不限，具体内容也不限，只要包含“html”即可；“html% ”，前面必须是“html”，后面忽略；“%html”，以“html”结尾，前面忽略。

7）总结查询语句的书写结构

```
SELECT 字段,聚合函数,* FROM 表名
WHERE 字段 > < >= <= = != and or LIKE '%_以及关键字'
GROUP BY 字段
HAVING 聚合函数 > <  >=  <=
ORDER BY 字段 排序方式
LIMIT 参数1,参数2
```

- 参数1：当前页起始显示数据的排序号（下标）。
- 参数2：设定的每页显示的数据数量。

2. PHP 操作数据库

PHP提供了大量的MySQL数据库操作函数，可以轻松地实现访问MySQL数据库的各种需要，以及Web应用程序的开发。

1）连接数据库

使用PHP操作MySQL数据库之前，需要先与MySQL数据库的服务器建立连接，使用mysqli扩展提供的mysqli_connect()函数来实现与MySQL数据库的连接。语法格式如下。

```
mysqli mysqli_connect([string $host [,string $username [,string
$password [,string $dbname [,int $port [,string $socket]]]]]])
```

mysqli_connect( )函数用于与MySQL服务器连接。如果连接成功，则返回一个MySQL连接标识；如果连接失败，则返回false。该函数的参数如下。

- $host：MySQL服务器的地址。
- $usermame：用户名，默认值是服务器进程所有者的用户名。
- $password：密码，默入值是空密码。
- $dbname：连接的数据库名称。
- $port：规定尝试连接到 MySQL 服务器的端口号，MySQL默认端口号为3306（可以省略）。
- $socket：规定socket 或要使用的已命名pipe。

除上述直接选择数据库的方式外，mysqli扩展还提供了mysqli_select_db( )函数用来选择MySQL数据库。语法格式如下。

```
bool mysqli_select_db(mysqli $link,string $dbname)。
```

- $link：必选参数，是应用mysqli_connect( )函数成功连接MySQL数据库服务器后返回的连接标识。
- $dbname：必选参数，是用户指定要选择的数据库的名称。

2）执行SQL语句

前面讲解了数据的基本操作，读者应该已经熟悉MySQL常用的SQL语句了。PHP操作数据库使用mysqli扩展提供的mysqli_query( )函数执行SQL语句。mysqli_query( )函数的语法格式如下。

```
mixed mysqli_query(mysqli $link,string $query [,int $resultmode])
```

- $link：必选参数，是mysqli_connect( )函数成功连接MySQL数据库服务器后所返回的连接标识。
- $query：必选参数，是所要执行的SQL语句。
- $resultmode：可选参数，取值为常量MYSQLI_USE_RESULT（用于返回检索大量数据，应用该值时，以后的查询调用可能返回一个commands out of sync错误，解决办法是应用mysqli_free_result( )函数释放内存）和MYSQLI_STORE_RESULT（默认）中任意一个。

如果SQL语句是查询指令select，成功则返回查询结果集，失败则返回false。如果SQL语句是insert、delete、update等操作指令，成功则返回true，失败则返回false。

mysqli_query( )函数不仅可以执行SQL指令，还可以选择数据库和设置数据库的编码格式。代码如下。

```
mysqli_query(mysqli $link,"set names utf8");
```

下面来看如何通过mysql_query()函数执行SQL语句。以信息资料表为例。

（1）执行添加一条资料信息的操作。

```
$res=mysqli_query($conn,"insert tab_infor(tab_name,tab_username,tab_
image,tab_content,tab_publish,tab_name_id)
value
('DIV+CSS网页样式及布局','张三','img01.png','从入门到精通','XX出版社',1) ");
```

（2）执行修改一条资料信息的操作。

```
$res=mysqli_query($conn,"update tab_infor set tab_name = 'DIV+CSS网
页样式及布局1' where tab_id = 1");
```

（3）执行删除一条资料信息的操作。

```
$res=mysqli_query($conn,"delete from tab_infor where tab_id = 2");
```

（4）执行查询资料信息的操作。

```
$res=mysqli_query($conn, "select * from tab_infor");
```

3）处理结果集

执行完SQL语句后，当返回的结果是一个资源类型的结果集时，需要使用函数处理结果集，这样才能获取信息。在PHP中，运用mysqli_fetch_assoc( )函数获取一行处理结果集作为关联数组输出。语法格式如下。

```
mixed mysqli_fetch_assoc(resource $result)
```

此函数返回由所取得的行生成的数组，如果没有一行数据，则返回null。$result参数表示资源型结果集。每执行一次该函数，都将从结果集资源中取出一条记录放入一维数组中，该数组的下标为数据表中字段的名称。

4）释放资源

完成数据库的操作后，需要关闭结果集，以释放系统资源。释放内存使用mysqli_free_result( )函数，会释放所有与结果标识符result相关联的内存。该函数仅需要在返回很大的结果集并占用较多内存时调用。在执行结束后，所有与result关联的内存都会被自动释放。语法格式如下。

```
void mysqli_free_result(resource $result);
```

5）关闭连接

完成对数据库的操作后，需要及时断开与数据的连接并释放内存，否则会浪费大量的内存空间。在访问量较大的Web项目中，还可能导致服务器崩溃。在MySQL函数库中，使用mysqli_close( )函数断开与MySQL服务器的连接。语法格式如下。

```
bool mysqli_close(mysqli $link)
```

$link参数为mysqli_connect( )函数成功连接MySQL数据库服务器后所返回的连接标识。关闭连接操作，如果成功，则返回true；如果失败，则返回false。

注意

PHP与数据库的连接是非持久连接，系统会自动回收，一般不用设置关闭。但如果一次性返回的结果集比较大或网站访问量比较多，则最好使用mysqli_close( )函数手动进行释放。

3. PHP 函数进阶解密

1）文件管理（实现文件的上传）

文件上传可以通过HTTP协议来实现。要使用文件上传功能，首先要在配置文件php.ini中对上传进行一些设置，即通过预定义变量$_FILES对上传文件进行一定限制，最后使用move_uploaded_file( )函数实现上传。

2）上传文件的相关配置

在PHP中通过php.ini文件对上传文件进行控制，包括是否支持上传、上传文件的临时目录、上传文件的大小、指令执行的时间、指令分配的内存空间。php.ini在phpStudy中的打开方式如图4-4所示。

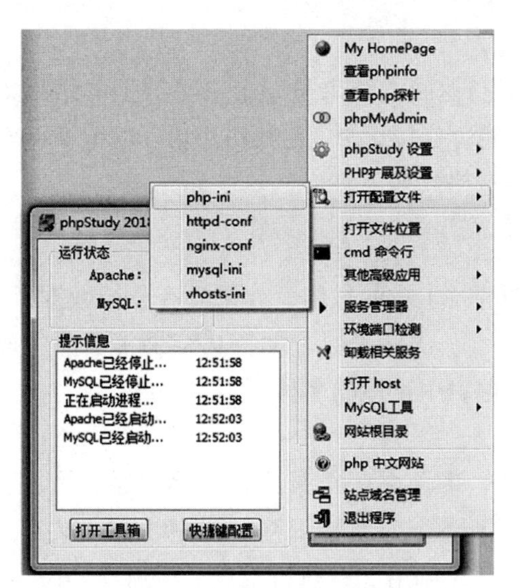

图4-4 php.ini文件在phpStudy中的打开方式

在php.ini中定位到File Uploads项，完成对上传相关选项的设置，如图4-5所示。上传相关选项如下。

- file_uploads：如果值是on，说明服务器支持文件上传；如果值是off，则不支持。一般默认是支持的。
- upload_tmp_dir：上传文件的临时目录。在文件被成功上传之前，文件首先被存放到服务器端的临时目录中。多数使用系统默认目录，也可以自行设置。
- upload_max_filesize：服务器允许上传文件的最大值，以MB为单位，系统默认为2MB。如果网站需要上传超过2MB的数据，则需要修改这个值。

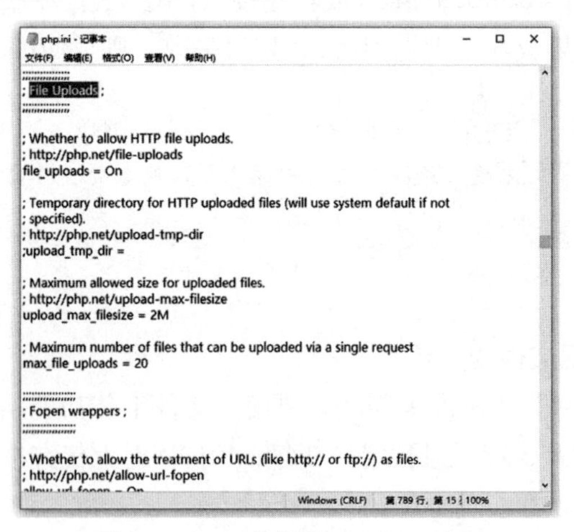

图4-5 php.ini文件的File Uploads项

除了File Uploads项中的内容外，php.ini中还有其他几个选项会影响到文件的上传。

- max_execution_time：在PHP中一个指令所能执行的最大时间，单位是“秒”。该选项在上传超大文件时必须修改，否则，即使上传文件在服务器允许的范围内，但是超过了指令所能执行的最大时间，仍然无法实现上传。如图4-6所示。
- memory_limit：在PHP中一个指令所分配的内存空间，单位是MB。它的大小同样会影响到超大文件的上传。

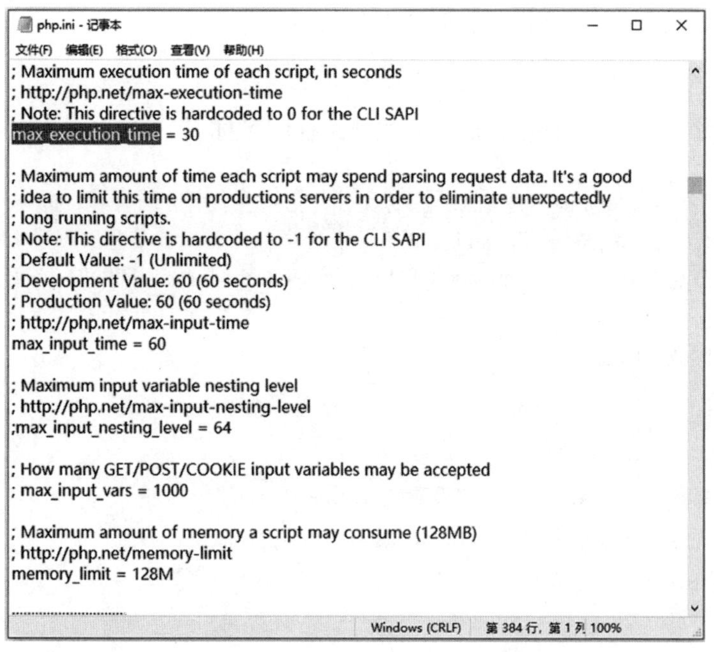

图4-6　php.ini文件中其他几项也会影响到文件的上传

php.ini文件配置完成后，需要重新启动Apache服务器，配置才能生效。

3）全局变量$_FILES

对上传文件进行判断应用的是全局变量$_FILES。$_FILES是一个数组，包含所有上传文件的相关信息。下面说明$_FILES数组中每个元素的含义，

- `$_FILES['filename']['name']`：存储上传文件的文件名，如text.txt、title.jpg等。
- `$_FILES['filename']['size']`：存储文件的大小，单位为“字节”。
- `$_FILES['filename']['tmp_name']`：存储文件在临时目录中使用的文件名，因为文件在上传时首先要将其以临时文件的身份保存在临时目录中。
- `$_FILES['filename']['type']`：存储上传文件的MIME类型。MIME类型规定各种文件格式的类型。每种MIME类型都是由以“/”分隔的主类型组成的。例如，“image/gif”的主类型为“图像”，子类型为GIF格式的文件；“text/html”表示HTML格式的文本文件。
- `$_FILES['filename']['error']`：存储上传文件的结果。如果返回0，则说明文件上传成功。

4）实现PHP文件的上传

在PHP中应用move_uploaded_file()函数实现文件的上传。

move_uploaded_file()函数用于将文件上传到服务器中指定的位置。如果成功，则返回true；如果失败，则返回false。语法格式如下。

```
Bool move_uploaded_file(string filename,string destination)
```

- filename：指定上传文件的临时文件名，即

```
$_FILES['filename']['tmp_name']
```

- destination：指定文件上传后保存的新路径和名称。

注意 如果参数filename不是合法的上传文件，则不会执行任何操作，move_uploaded_file( )将返回false。如果参数filename是合法的上传文件，但出于某些原因无法移动，同样也不会执行任何操作，move_uploaded_file( )将返回false，此外还会发出一条警告。

文件上传代码如下。

```
    <form  action="01_upload_demo.php"  method="post"
enctype="multipart/form-data">
        照片:<input type="file" name="pic"><br>
        <input type="text" name="userName"><br>
        <button>上传</button>
    </form>
    <?php
    //php文件,通过预定义变量来接受上传文件的相关信息
    //1,$_GET
    //接收前端以get方式传递的参数
    //接收内容是数组形式
    //数组的数据就是上传的数组
    //数组的键位,是input标签name属性的属性值
    //echo '<pre>';
    //print_r($_GET);
    //echo '</pre>';
    //2,$_POST
    //接收前端以post方式传递的参数
    //echo '<pre>';
    //print_r($_POST);
    //echo '</pre>';
    //3,$_FILES
    //专门用于接收input,type,file标签上传的文件信息
    //只有在post形式下才起作用
    //返回值是一个数组,有可能是二维的,还有可能是三维的
    //数组的第一层,键位是input,type,file标签,name属性的属性值
    echo '<pre>';
    print_r($_FILES);
    echo '</pre>';
```

```
//上传文件
//将文件从临时文件夹中移动到指定文件夹中
//使用函数
//move_uploaded_file()
//该函数有两个参数:
//1,临时文件的路径以及文件名称
//通过$_FILES['pic']['tmp_name']
//2,第二个参数为指定文件夹的相对路径以及新的文件名称和扩展名
//move_uploaded_file($_FILES['pic']['tmp_name'], 'upload/1.png');
//文件上传数据库中,如果文件名称和扩展名都相同,后上传的文件会覆盖之前上传的文件,需要在执行函数move_uploaded_file时定义不同的文件名称
//在上传文件程序开始之前,需要先添加验证过程
//目前只验证临时文件上传成功
if(!($_FILES['pic']['error'] === 0)) {
 die('临时文件上传失败,请检查临时文件上传');
}
//先通过php程序生成随机文件名称,继续使用之前原文件的扩展名
//1,获取原文件的文件名称,通过$_FILES['pic']['name']
$fileName = $_FILES['pic']['name'];
//echo $fileName;
//$fix = substr($fileName, strrpos($fileName, '.') + 1);
$fix = substr(strrchr($fileName, '.'), 1);
//echo $fix;
//验证,临时文件的文件类型是否符合要求
//验证文件类型,只验证扩展名,不验证点,多获取点,会降低验证效率
//设定文件类型的数组
$type = ['jpg', 'png'];
//判断文件的扩展名是否是数组中的值
$bool = in_array($fix, $type);
if(!$bool) {
 exit('文件类型不符合要求,请重新上传文件');
}
//2,生成随机文件名
//将微秒数拼接上随机数,再使用md5函数转化
$ext = md5(microtime(true) . mt_rand(1000, 9999));
//echo $ext;
//3,拼接生成新的文件名称
```

```
$newFileName = $ext . '.' . $fix;
//echo $newFileName;
//4,上传文件
move_uploaded_file($_FILES['pic']['tmp_name'], 'upload/'. $newFileName);
?>
```

上述代码的运行结果如图4-7所示。

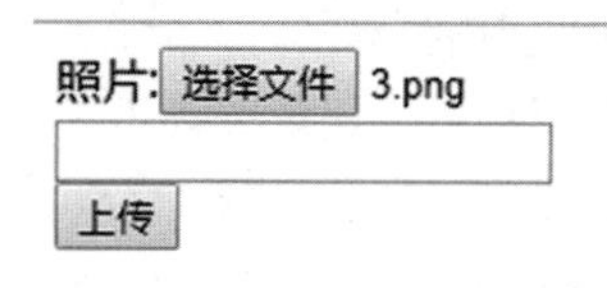

图4-7 运行结果

5）自定义函数

在程序开发的过程中，最高效的方法是将某些特定功能写在独立的代码块中定义成一个函数。基本语法格式如下。

```
function function_name([$name1],[$name2],[$name3]....[$namen]){
fun_body
[return namen]
}
```

- function：声明自定义函数时使用的关键字。
- function_name：创建函数的名称，函数名称是唯一的，它的命名与变量命名的规则相同，但不能以“$”开头。
- $name1，$name2，…，$namen：传递的参数，可有可无，可以有多个参数，数量根据自己的需要而定。多个参数用“,”分隔。参数不能指定类型，在函数调用时，PHP支持的类型都可以使用。
- fun_body：函数的主体，是功能实现的部分。
- return：调用代码需要的返回值，并结束函数运行。

自定义函数调用的语法格式如下。

```
function_name([参数1 [,参数2 [,…]]]);
```

自定义函数调用参见下例。

```
<?php
function fun_jia($num1, $num2) {
//返回计算后的结果
  return $num1 + $num2;
}
//调用函数
echo fun_jia(100, 300);
?>
```

代码运行结果如图4-8所示。

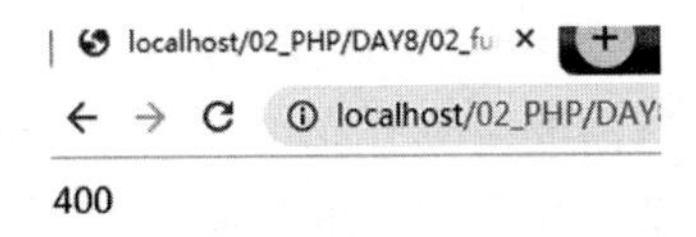

图4-8　自定义函数的运行结果

6）HTTP协议

HTTP（Hyper Text Transfer Protocol）是“超文本传输协议”的缩写，是用于从WWW服务器传输超文本到本地浏览器的传输协议。HTTP是一个应用层协议，由请求和响应构成，是一个标准的客户端和服务器模型。它的主要特点如下。

（1）支持客户端/服务器模型。

（2）简单、快速。

客户向服务器请求服务时，只需传送请求方法和路径。请求方法常用的有GET、HEAD和POST。每种方法规定了客户与服务器联系的不同类型。HTTP协议十分简单，因此，HTTP服务器的程序规模小，通信速度比较快。

（3）灵活。

HTTP允许传输任意类型的数据对象，正在传输的类型由Content-Type加以标记。Content-Type的常见取值如图4-9所示。

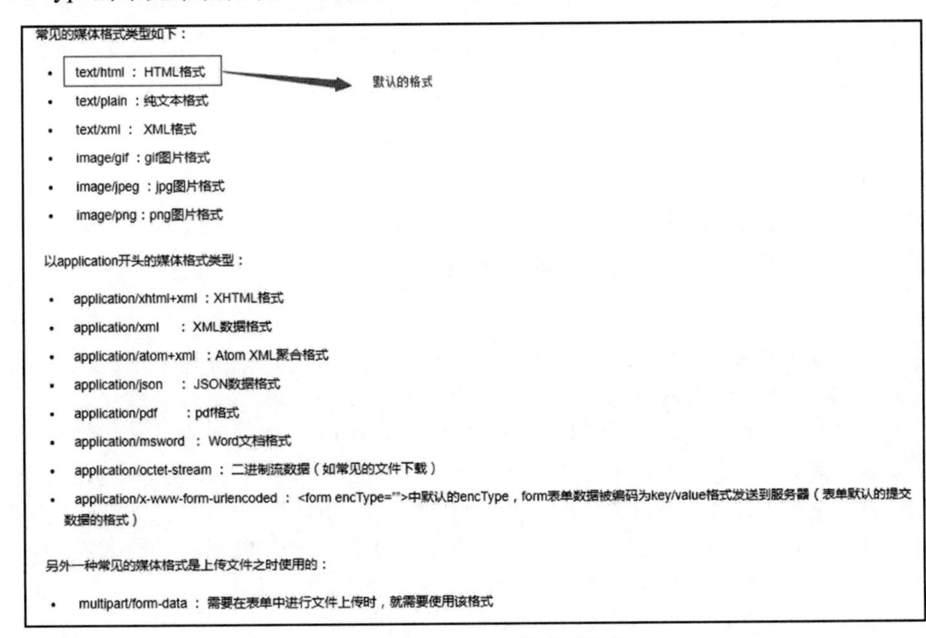

常见的媒体格式类型如下：

- text/html ： HTML格式　默认的格式
- text/plain ：纯文本格式
- text/xml ： XML格式
- image/gif ：gif图片格式
- image/jpeg ：jpg图片格式
- image/png：png图片格式

以application开头的媒体格式类型：

- application/xhtml+xml ：XHTML格式
- application/xml ： XML数据格式
- application/atom+xml ：Atom XML聚合格式
- application/json ： JSON数据格式
- application/pdf ：pdf格式
- application/msword ： Word文档格式
- application/octet-stream ： 二进制流数据（如常见的文件下载）
- application/x-www-form-urlencoded ： <form encType="">中默认的encType，form表单数据被编码为key/value格式发送到服务器（表单默认的提交数据的格式）

另外一种常见的媒体格式是上传文件之时使用的：

- multipart/form-data ： 需要在表单中进行文件上传时，就需要使用该格式

图4-9　Content-Type的常见取值

（4）无连接。

“无连接”是指限制每次连接只处理一个请求，服务器处理完客户端的请求，然后响应，并在收到应答之后断开连接。这种方式可以节省传输时间。

（5）无状态。

HTTP协议是无状态协议。“无状态”是指协议对于事务处理没有记忆能力。这种方式的坏处就是，如果后续的处理需要用到之前的信息，则必须要重传，这样就导致每次连接传输的数据量增大。好处是，如果后续的连接不需要之前提供的信息，响应就会比较快，而为了解决HTTP的无状态特性，就出现了Cookie和Session技术。

HTTP协议是一个存在于传输层之上的基于请求和应答模式的应用层协议，是一个无状态的协议，通常是基于TCP的连接方式。HTTP的URL是一种特殊类型的URL，包含了用于定位查找某个网络资源的路径。语法格式如下。

```
http://host[':'port][abs_path]
```

- http：表示通过http协议来定位网络资源。
- host：表示合法的因特网主机域名或者IP地址。
- port：指定一个端口，默认是80端口。
- abs_path：表示请求的资源的URL，如果什么都没写，则浏览器会加上“/”，作为初始的路径地址。

HTTP协议Request的常见方法有以下几种。

第一种：GET

当客户端要从服务器上读取文档来打开某个链接时，或者通过在浏览器中输入网址来浏览网页时，使用的都是GET方法。GET方法请求参数和对应的值附加在URL后面，利用一个“?”表示URL的结尾以及附带参数的开始，参数用“key=value”的方式书写，参数和参数之间用“&”符号隔开。一般GET请求的参数需要限制大小，最大不超过浏览器的限制长度（各浏览器的限制长度不一致）。因为参数明文显示在URL中，所以不太适合传递私密的数据。

第二种：POST

POST方法是将请求的参数封装在HTTP请求体中，以“名称/值”的形式出现，可以传输大量的数据。POST的这种请求一般用于表单数据的提交中。

注意

GET和POST的区别在于：从参数的传递方面来看，GET请求的参数是直接拼接在地址栏URL的后面，而POST请求的参数是放在请求体的里面；从长度限制方面来看，GET请求有具体的长度限制，一般不超过1 024KB，而POST理论上没有长度的限制，但是浏览器一般会有一个界限；从安全方面来看，POST请求相较于GET请求安全，因为数据GET都是明文显示在URL中，所以安全和私密性不如POST；从本质方面来看，GET请求和POST请求都是TCP连接，并无实质的区别，但是由于HTTP浏览器的限定，导致它们在应用过程中体现出一些不同之处。GET产生一个数据包，POST产生两个数据包。对于GET请求，浏览器会将http header 和 data 一起发出去，服务器响应200（返回数据）；而对于POST请求，浏览器会先发送header，服务器响应100 continue，浏览器再发送data，服务器响应200 ok，HTTP响应的状态码如表4-5、表4-6所示。

表4-5 HTTP响应的状态码

状态码	描述	
	结果	说明
1xx	指示信息	表示请求已接收，继续处理
2xx	成功	表示请求已被成功接收、理解、接受
3xx	重定向	要完成请求，必须进行更进一步的操作
4xx	客户端错误	请求有语法错误或请求无法实现
5xx	服务器端错误	服务器未能实现合法的请求

表4-6 HTTP响应的常见状态码

状态码	描述	
	结果	说明
200	OK	客户端请求成功
400	Bad Request	客户端请求有语法错误，不能被服务器所理解
401	Unauthorized	请求未经授权，这个状态代码必须和WWW-Authenticate报头域一起使用
403	Forbidden	服务器收到请求，但是拒绝提供服务
404	Not Found	请求资源不存在。例如，输入了错误的URL

第三种：HEAD

HEAD就像GET，只不过服务端接受到HEAD请求后只返回响应头，而不会发送响应内容。当需要查看某个页面的状态时，使用HEAD是非常高效的，因为在传输过程中省去了响应内容部分。

注意容易产生的误区：HTTP是无状态的面向连接的协议，无状态不表示HTTP不能保持TCP连接，HTTP使用的不是UDP协议（无连接）。从HTTP 1.1开始，默认都开启了Keep-Alive，以保持连接特性。简单地说，当打开一个网页后，客户端和服务器之间用于传输HTTP数据的TCP连接不会关闭，如果客户端再次访问这个服务器上的网页，就会继续使用已经建立的连接。Keep-Alive不会永久保持连接，它有保持时间，可以在不同的服务器软件（如Apache）中设定这个时间。

注意

PHP可以通过fopen/file_get_contents和curl两种方法来请求远程URL内容。fopen/file_get_contents与curl都可以远程请求相应内容，那么fopen/file_get_contents与curl有什么差异呢？

（1）fopen /file_get_contents 每次请求都会重新进行DNS查询，并不对DNS信息进行缓存。但是curl会自动对DNS信息进行缓存，对同一域名下的网页或者图片的请求只需要一次DNS查询，这大大减少了DNS查询的次数。因此，curl的性能比fopen/file_get_contents优良。

（2）在请求HTTP时，fopen/file_get_contents使用的是http_fopen_wrapper，不会Keep-Alive；而curl可以，这样在多次请求多个链接时，curl的效率会高一些。

注意

（3）curl可以模拟多种请求，例如POST数据、表单提交等，用户可以按照自己的需求定制请求；而fopen / file_get_contents只能使用GET方法获取数据。

下面以一个案例来具体讲解。有一天突然接到运维同事的报告——服务器（Nginx+PHP 的 WebServer）不能正常工作，查明原因是file_get_contents函数造成的。为什么一个函数会使服务器不能正常工作呢？经过详细查询，发现第三方公司提供的接口已经不能使用。问题分析如下。

在此是使用 `file_get_contents("http://example.com/")`获取一个 URL 的返回内容，如果第三方公司提供的URL响应速度慢或者出现问题，服务器上的PHP程序就会一直执行，从而获得这个URL。在 php.ini 中，参数 max_execution_time可以设置 PHP 脚本的最大执行时间，但是在 php-cgi(php-fpm) 中，该参数不起作用。真正能够控制 PHP 脚本最大执行时间的是 php-fpm.conf 配置文件中的参数 `<value name="request_terminate_timeout">0s</value>`，默认值为 0 秒，意思是PHP 脚本会一直执行下去。在请求越来越多的情况下，这样会导致php-cgi 进程都卡在file_get_contents( ) 函数里，这台 Nginx+PHP 的 WebServer 已经无法再处理新的 PHP 请求，Nginx 将给用户返回 `502 Bad Gateway`，此时CPU的利用率达到100%，时间越久，服务器工作就越不正常。

找到问题并分析出来后，解决方法是设置file_get_contents函数的超时时间，在此可以用resource $context的timeout参数，代码如下。

```
<?php
  $opts = array(
     'http'=>array(
        'method'=>"GET",
        'timeout'=>10,//timeout是设置file_get_contents读取URL的超时时间
     )
  );
  $context = stream_context_create($opts);
  $html =file_get_contents(‹http://www.xxx.com›, false, $context);
  echo $html;
?>
```

curl函数如何获取数据呢？ 下面用案例来说明。

利用GET方法获取数据。

```
<?php
    $url = ‹http://www.xxx.com›;
    //初始化一个curl对象
    $ch  = curl_init();
    //设置需要抓取的URL
```

```
    curl_setopt($ch, CURLOPT_URL, $url);
    //设置curl参数,要求结果保存到字符串中还是输出到屏幕中
    curl_setopt($ch, CURLOPT_RETURNTRANSFER, 1);
    //是否获得跳转后的页面
    curl_setopt($ch, CURLOPT_FOLLOWLOCATION, 1);
    $data = curl_exec($ch);
    curl_close($ch);
    echo $data;
?>
```

利用POST方法获取数据。

```
<?php
    function curl_post($url, $arr_data){
       $post_data = http_build_query($url_data);
       $ch = curl_init();
        curl_setopt($ch, CURLOPT_URL, $url);
        curl_setopt($ch, CURLOPT_RETURNTRANSFER, 1);
        curl_setopt($ch, CURLOPT_POST, 1);
        curl_setopt($ch,  CURLOPT_POSTFLELDS, $post_data);
        $data = curl_exec($ch);
        curl_close($ch);
        echo $data;
    }
    $arr_post = array(
        ‹name›=>›test_name›,
        ‹age›   => 1
    );
    curl_post(«http://www.xxx.com/», $arr_post);
?>
```

4.3 任务实现

4.3.1 信息资料后台管理

1. 管理员登录

后台首页承载并显示网站后台所包含的模块，在显示后台首页之前，首先要实现管理员的登录。如图4-10所示。

图4-10　管理员未登录的提示

出现未登录提示以后，单击“确定”按钮，实现后台管理员的登录，如图4-11所示。

图4-11　管理员登录页面

登录页面功能的HTML代码如下。

```
<div class="logintop">
    <span>欢迎登录信息资料管理后台系统</span>
    <ul>
        <li><a href="#">回首页</a></li>
        <li><a href="reg.html">免费注册</a></li>
    </ul>
</div>
<div class="loginbody">
    <span class="systemlogo"></span>
    <div class="loginbox">
        <form action="login.php" method="post">
            <ul>
                <li><input name="log_username" type="text" class=
"loginuser"        placeholder="请输入用户名" onclick="JavaScript:this.
value=''"/></li>
```

```
                <li><input name="log_password" type="password" class="loginpwd" placeholder="请输入密码" onclick="JavaScript:this.value=''"/></li>
                <li>
                    <input name="" type="submit" class="loginbtn" value="登录"/>
                    <label><a href="reg.html">免费注册</a></label>
                </li>
            </ul>
        </form>
    </div>
</div>
<div class="loginbm">版权所有　新华电脑学校</div>
```

本页面PHP代码如下。

```
<?php
//实现登录功能
//1,接收前端数据
$uN = $_POST['log_username'];
$uP = $_POST['log_password'];
//使用md5()函数转化
$userName = $uN;
$userPwd = md5($uP);
//数据库验证登录
//1,连接数据库
$host = '127.0.0.1';
//$host = 'localhost';
$user = 'root';
$password = 'root';
$database = 'information';
$port = 3306;
$link = mysqli_connect($host, $user, $password, $database, $port);
//2,设定SQL语句
$query = "SELECT log_username,log_userpwd FROM reg WHERE log_username = '{$userName}' and log_userpwd = '{$userPwd}' ";
//说明:and为逻辑与,如果账号没有匹配,密码将不会被进行判断,可以提高查找效率
//执行SQL语句
```

```
    $result = mysqli_query($link, $query);
    //3,将对象转化为数组
    $arr = mysqli_fetch_all($result,MYSQLI_ASSOC);
    //如果有匹配的账号密码,返回有内容的数组,如果没有匹配内容,返回空数组
    if($arr){
            //开启一个会话
            session_start();
            $_SESSION['log_username'] = $arr[0]['log_username'];
            echo "<script> alert('登录成功! ');parent.location.href='index.
php'; </script>";
    } else {
        echo "<script> alert('登录失败! 请重新输入用户名和密码! ');parent.
location.href='login.html'; </script>";
    }
    //关闭数据库
    mysqli_close($link);
    ?>
```

如果用户名和密码输入不正确，页面会显示登录失败，需要重新输入用户名和密码。如图4-12所示。

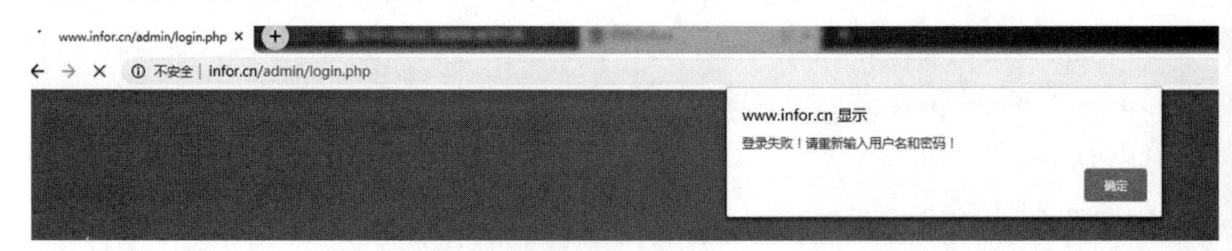

图4-12　登录失败提示

当用户名和密码输入正确以后，就跳转到后台首页。如图4-13所示。

图4-13　信息资料管理后台首页

2. 信息资料栏目管理

在信息资料管理系统中，设置菜单导航不仅可以使信息资料管理系统的所有资料分

类显示出来，而且可以为用户选择资料提供方便的操作。导航如图4-14所示。

- 管理信息：根据类别对信息资料进行管理。管理信息的子栏目又分为信息资料和添加信息资料。
- 类别管理：对信息资料进行分类。类别管理的子栏目分为类别资料和添加类别。
- 用户管理：管理员信息。用户管理的子栏目分为用户列表和注册用户。

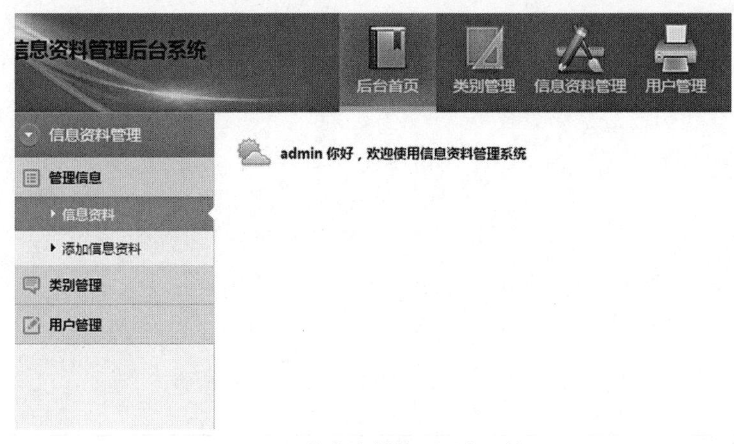

图4-14　信息资料管理后台导航

3. 信息资料管理

在信息资料管理系统中，最主要的就是对信息资料的管理。在此分为信息资料、添加信息资料、修改信息资料、查询信息资料、删除信息资料几个部分。信息资料管理页面如图4-15所示。

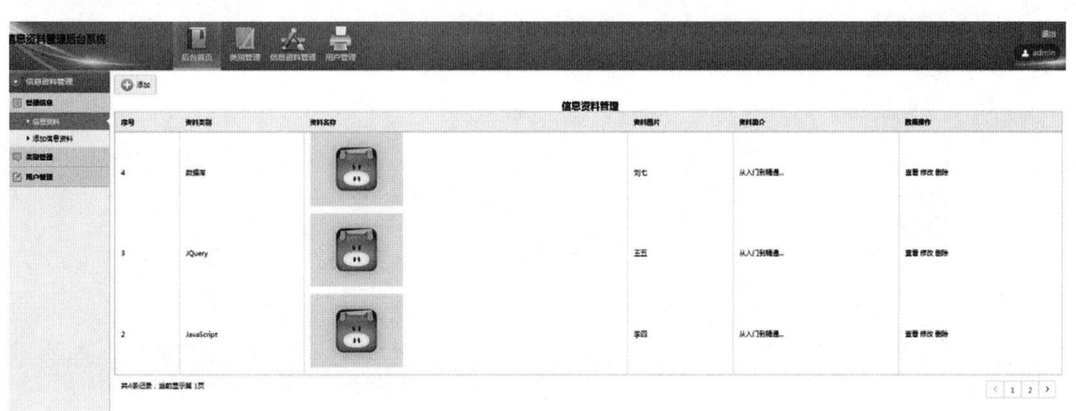

图4-15　信息资料管理页面

4.3.2 信息资料查询和分页的实现

在图4-13中，实现信息资料查询功能的具体操作是：单击栏目“信息资料”链接，出现右侧的所有资料。在数据库中会保存成千上万的资料，如果在一页中显示，查看也不方便，因此，需要实现分页功能，第一页显示几条数据，第二页显示另外几条数据，以此类推，直到资料显示完毕。代码如下。

```
<?php
//数据库连接
$host = '127.0.0.1';
//$host = 'localhost';
$user = 'root';
$password = 'root';
$database = 'information';
$port = 3306;
$link = mysqli_connect($host, $user, $password, $database,
$port);
if($link){
    //注意:获取数据数量的SQL语句,限制条件,例如WHERE等需要与分页查询的条件
相同
    $query1 = 'SELECT tab_id FROM tab_infor';
    $result1 = mysqli_query($link, $query1);
    //分页
    //获取数据数量,使用函数,mysqli_num_rows()
    $sumLine = mysqli_num_rows($result1);
    //设定每页显示的数据数量
    $line = 3;
    //计算总页数=总数量/每页数量,向上取整
    $sumPag = ceil($sumLine / $line);
    //获取当前页数参数
    //情况1,第一次执行当前页面,默认显示第一页内容
    //$pag = 1
    //情况2,超链接单击跳转至当前页面
    //$pag = 超链接传递的参数
    if (isset($_GET['pag'])) {
        //如果isset()结果为true,证明$_GET['pag']存在,是超链接跳转页面
        $pag = $_GET['pag'];
    } else {
        //如果isset()结果为false,证明$_GET['pag']不存在,显示第一页
        $pag = 1;
    }
    //执行分页查询
    //LIMIT语句有两个参数
    //第一个参数,当前显示起始数据的下标
    //公式:(当前显示页数-1)*第二个参数
```

```
        //第二个参数,当前显示数据的数量$line
        $num = ($pag - 1) * $line;
        //执行SQL语句(两表联查——查询资料类别)
        //查询信息资料
        $sql = "SELECT t.tab_id,c.cate_name,t.tab_name,t.tab_username,
t.tab_image,t.tab_content,t.tab_publish FROM tab_infor as t  INNER JOIN
category as c ON t.tab_name_id = c.cate_id ORDER BY t.tab_id DESC LIMIT
$num ,$line";
        //执行SQL语句
        $result = mysqli_query($link, $sql);
        //将查询结果(对象)转化为数组
        $arr = mysqli_fetch_all($result, MYSQLI_ASSOC);
    }else{
        die("数据库连接失败");
    }
    //关闭数据库
    mysqli_close($link);
    }
    ?>
```

前台HTML代码如下。

```
<!DOCTYPE html>
<html lang="en">
<head>
    <meta charset="UTF-8">
    <title>信息资料管理</title>
    <link href="css/style.css" rel="stylesheet" type="text/css" />
    <script type="text/javascript" src="js/jquery.js"></script>
    <script type="text/javascript">
        $(document).ready(function(){
            $(".click").click(function(){
                $(".tip").fadeIn(200);
            });
            $(".tiptop a").click(function(){
                $(".tip").fadeOut(200);
            });
            $(".sure").click(function(){
                $(".tip").fadeOut(100);
            });
```

```
                $(".cancel").click(function(){
                    $(".tip").fadeOut(100);
                });
            });
        </script>
    </head>
    <div class="rightinfo">
        <div class="tools">
            <ul class="toolbar">
                <li class="click"><span><img src="images/t01.png" />
</span><a href="add.php">添加</a></li>
            </ul>
        </div>
        <table class="tablelist">
            <caption><span style="font-size: 17px;font-weight: bold">
信息资料管理</span></caption>
            <thead>
                <tr>
                    <th>序号</th>
                    <th>资料类别</th>
                    <th>资料名称</th>
                    <th>资料图片</th>
                    <th>资料简介</th>
                    <th>数据操作</th>
                </tr>
            </thead>
            <tbody>
            <!--    查询数据,循环输出-->
            <?php foreach ($arr as $value) {?>
                <tr>
                    <td><?php echo $value['tab_id']; ?></td>
                    <td><?php echo $value['tab_name']; ?></td>
                    <td>
                        <img src="upload/<?php echo $value['tab_image']
?>" alt="资料图片" width="168px" height="129px">
                    </td>
                    <td><?php echo $value['tab_username']; ?></td>
                    <td>
```

```
                    <!--  substr截取字符串,显示文字长度-->
                    <?php echo substr($value['tab_content'],
0,24)."..."; ?>
                </td>
                <td>
                    <a href="detai.php?id=<?php echo $value['tab_
id']; ?>">查看</a>
                    <a href="edit.php?id=<?php echo $value['tab_
id']; ?>" onclick="if(confirm('你确定要修改吗?')==false) return false;">修改</a>
                            <a href="delete.php?id=<?php echo
$value['tab_id']; ?>" onclick="if(confirm('你确定要删除吗?')==false)
return false;">删除</a>
                </td>
            </tr>
        <?php }?>
        </tbody>
    </table>
    <div class="pagin">
            <div class="message">共<i class="blue"><?php echo
$sumLine; ?></i>条记录,当前显示第 <i class="blue"><?php echo
$pag;?></i>页</div>
        <ul class="paginList">
            <li class="paginItem"><a href="content.php?pag=<?php
echo $pag == 1 ? 1 : $pag - 1 ?>"><span class="pagepre"></span></a></li>
            <?php for ($i = $min; $i <= $max; $i++) {?>
            <li class="paginItem">
                <a href="content.php?pag=<?php echo $i; ?>">
<?php echo $i; ?></a>
            </li>
            <?php }?>
            <li class="paginItem"><a href="content.php?pag=<?php
echo $pag == $sumPag ? $sumPag : $pag + 1 ?>"><span class="pagenxt">
</span></a></li>
        </ul>
    </div>
</div>
</body>
</html>
```

注意 上述代码是为了加强网页的可操作性，实现信息资料管理页面的分页功能，并通过分页展示资料条数、当前显示页数等内容，以方便查看。

4.3.3 信息资料添加功能

信息资料数据库里面的所有资料都是通过后台添加的，运行页面如图4-16所示。

图4-16　信息资料添加

添加信息资料功能的代码如下。

```
<?php
include 'DB.php';
if($link){
    //执行SQL语句（两表联查——查询资料类别）
    //查询信息资料
    $sql = 'SELECT cate_id,cate_name FROM category';
    //执行SQL语句
    $result = mysqli_query($link, $sql);
    //将查询结果（对象）转化为数组
    $arr = mysqli_fetch_all($result, MYSQLI_ASSOC);
}else{
    die("数据库连接失败");
}
//关闭数据库
mysqli_close($link);
?>
```

```
<!DOCTYPE html>
<html lang="en">
<head>
    <meta charset="UTF-8">
    <title>信息资料管理添加</title>
    <link href="css/style.css" rel="stylesheet" type="text/css" />
</head>
<body>
<form action="addInfo.php" method="post" enctype="multipart/form-data">
    <div class="formbody">
        <div class="formtitle"><span>信息资料添加</span></div>
        <ul class="forminfo">
            <li>
                <label>资料名称</label>
                <input name="tab_name" type="text" class="dfinput" >
                <i>资料名称不能超过30个字符</i>
            </li>
            <li>
                <label>所属类别</label>
                <select name="tab_name_id" class="dfinput">
                    <option value="0">--请选择类别--</option>
                    <?php foreach ($arr as $arr) {?>
                        <option value="<?php echo $arr['cate_id']
?>"><?php echo $arr['cate_name']; ?></option>
                    <?php } ?>
                </select>
            </li>
            <li>
                <label>资料图片</label>
                <input name="tab_image" type="file">
            </li>
            <li>
                <label>资料编著</label>
                <input name="tab_username" type="text" class="dfinput" >
                <i>多个编著用空格隔开</i>
            </li>
            <li>
                <label>资料出版社</label>
```

```
                    <input name="tab_publish" type="text" class="dfinput" >
                </li>
                <li>
                    <label>资料简介</label>
                    <textarea name="tab_content" cols="" rows=""
class="textinput"></textarea>
                </li>
                <li>
                    <label> </label>
                    <input name="" type="submit" class="btn" value="
确认保存"/>
                    <input name="" type="reset" class="btn" value="
重置"/>
                    <input name="" type="button" class="btn" value="
返回" onclick="javascript:window.location = 'content.php'"/>
                </li>
            </ul>
        </div>
    </form>
    </body>
    </html>
```

以上代码是实现信息资料添加功能的前端代码，实现添加功能的后端代码如下。

```
    <?php
    //判断form数据是否为POST而来,判断数据提交方式
    if ($_SERVER['REQUEST_METHOD'] != 'POST') {
        //非POST请求
       die('请用post数据传输！');
    } else {
        //POST,处理用户提交的POST请求
        //接收数据
        //判断资料图片是否填写
        if(!empty($_FILES['tab_image'])){
            $tab_image = $_FILES['tab_image'];
        }else{
            echo "<script> alert('请填写资料图片！');location.href=
'add.php'; </script>";
        }
```

```
        //2,执行SQL语句,写入数据
    //数据库只能存放文字或者数字信息,不能存放图片或者视频等格式的内容
    //需要有独立的文件夹存储图片,数据库中存放的是图片的名称
    //此处图片需要进文件上传处理
    //文件上传
    //判断临时文件上传成功
        if (!($tab_image['error'] === 0)) {
            die('临时文件上传失败');
        }
    //获取原文件的扩展名
        $fix = substr($tab_image['name'], strrpos($tab_image['name'], '.') + 1);
    //生成随机的文件名
        $eit = md5(microtime(true) . mt_rand(1000, 9999));
    //拼接生成新的文件名
        $newFileName = $eit . '.' . $fix;
    //上传文件
        $bool = move_uploaded_file($tab_image['tmp_name'], 'upload/' .
$newFileName);
    //判断文件上传是否成功
        if(!$bool) {
            exit('文件上传失败');
        }
    //文件上传成功,将所有数据写入数据库
        //判断资料名称是否填写
        if(!empty($_POST['tab_name'])){
            $tab_name = $_POST['tab_name'];
        }else{
            echo "<script> alert('请填写资料名称! ');location.href=
'add.php'; </script>";
        }
        //判断资料编著是否填写
        if(!empty($_POST['tab_username'])){
            $tab_username = $_POST['tab_username'];
        }else{
            echo "<script> alert('请填写资料编著! ');location.href=
'add.php'; </script>";
        }
        //判断资料简介是否填写
```

```
        if(!empty($_POST['tab_content'])){
            $tab_content = $_POST['tab_content'];
        }else{
            echo "<script> alert('请填写资料简介！');location.href=
'add.php'; </script>";
        }
        //判断资料出版社是否填写
        if(!empty($_POST['tab_publish'])){
            $tab_publish = $_POST['tab_publish'];
        }else{
            echo "<script> alert('请填写资料出版社！');location.href=
'add.php'; </script>";
        }
        //判断所属类别是否填写
        if($_POST['tab_name_id'] != '0'){
            $tab_name_id = $_POST['tab_name_id'];
        }else{
            echo "<script> alert('请填写所属类别！');location.href=
'add.php'; </script>";
        }
        include 'DB.php';
        if($link){
            //执行SQL语句
            //添加信息资料
            $sql = "INSERT tab_infor(tab_name,tab_username,tab_image,tab_
content,tab_publish,tab_name_id) VALUES ('{$tab_name}', '{$tab_username}',
'{$newFileName}','{$tab_content}','{$tab_publish}','{$tab_name_id}' )";
            //执行SQL语句
            $result = mysqli_query($link, $sql);
            if($result){
                echo "<script> alert('添加信息资料成功！');location.href=
'content.php'; </script>";
            } else {
                echo "<script> alert('添加信息资料失败！');location.
href='content.php'; </script>";
            }
        }else{
            die("数据库连接失败");
```

```
    }
    //关闭数据库
    mysqli_close($link);
  }
?>
```

4.3.4 信息资料修改功能

在信息资料管理中要添加资料的修改功能，首先单击修改超链接，此时会出现提示信息“你确定要修改吗？”，单击“确定”按钮可以打开修改页面，单击“取消”按钮不打开修改页面，如图4-17、图4-18所示。

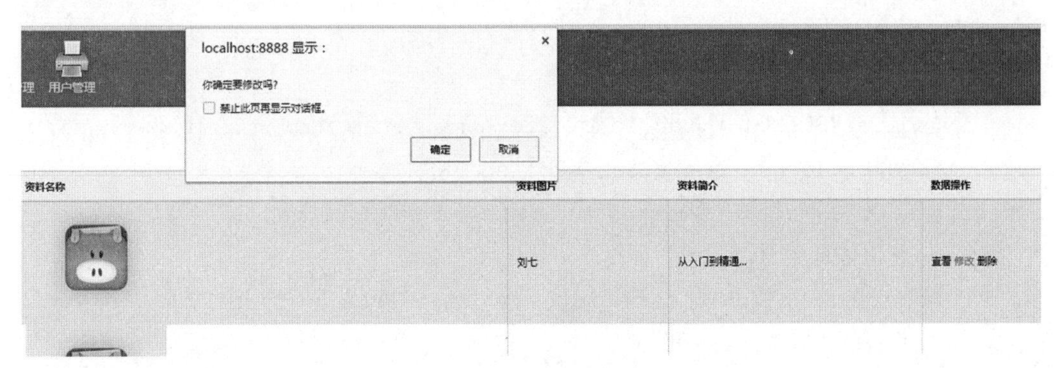

图4-17　信息资料修改页面的提示

图4-18　信息资料修改页面

从信息资料修改页面可以看出，打开修改页面需要将当前被修改的记录通过ID编号查询出来，并填充到页面中。代码如下。

```
<?php
//接收数据
```

```
$id = $_GET['id'];
//数据库连接
$host = '127.0.0.1';
//$host = 'localhost';
$user = 'root';
$password = 'root';
$database = 'information';
$port = 3306;
$link = mysqli_connect($host, $user, $password, $database,
$port);
if($link){
    //执行SQL语句（两表联查——查询资料类别）
    //查询信息资料
    $sql = "SELECT t.tab_id,c.cate_name,t.tab_name,t.tab_username,
t.tab_image,t.tab_content,t.tab_publish FROM tab_infor as t INNER JOIN
category as c ON t.tab_name_id = c.cate_id WHERE t.tab_id = {$id}";
    //查询信息类别
    $query = 'SELECT cate_id,cate_name FROM category';
    //执行SQL语句
    $result = mysqli_query($link, $sql);
    $res = mysqli_query($link,$query);
    //将查询结果(对象)转化为数组
    $arr = mysqli_fetch_assoc($result);
    $arrs = mysqli_fetch_all($res,MYSQLI_ASSOC);
}else{
    die("数据库连接失败");
}
//关闭数据库
mysqli_close($link);
?>
<!DOCTYPE html>
<html lang="en">
<head>
    <meta charset="UTF-8">
    <title>信息资料管理修改</title>
    <link href="css/style.css" rel="stylesheet" type="text/css" />
```

```
    </head>
    <body>
    <form method="post" action="editInfo.php" enctype="multipart/form-data">
        <div class="formbody">
            <div class="formtitle"><span>信息资料修改</span></div>
            <ul class="forminfo">
                <li>
                    <input type="hidden" name="tab_id" value="<?php echo
 $arr['tab_id']?>" class="dfinput">
                </li>
                <li>
                    <label>资料名称</label>
                    <input type="text" name="tab_name" value="<?php
 echo $arr['tab_name']?>" class="dfinput" >
                </li>
                <li>
                    <label>所属类别</label>
                    <select name="tab_name_id" class="dfinput">
                        <?php foreach ($arrs as $value) {?>
                            <option value="<?php echo $value['cate_
id'] ?>" <?php if($value['cate_id'] == $arr['tab_id']){ echo 'selected';}?>>
                                <?php echo $value['cate_name']; ?>
                            </option>
                        <?php } ?>
                    </select>
                </li>
                <li>
                    <label>资料编著</label>
                    <input type="text" name="tab_username"
 value="<?php echo $arr['tab_username']?>" class="dfinput" >
                </li>
                <li>
                    <label>资料出版社</label>
                    <input type="text" name="tab_publish"
 value="<?php echo $arr['tab_publish']?>" class="dfinput" >
                </li>
                <li>
                    <label>资料简介</label>
```

```
                    <textarea name="tab_content" cols="" rows=""
class="textinput">
                        <?php echo $arr['tab_content']?>
                    </textarea>
                </li>
                <li>
                    <label> </label>
                    <input name="" type="submit" class="btn" value="
确认保存"/>
                    <input name="" type="button" class="btn" value="
返回" onclick="javascript:window.location = 'content.php'"/>
                </li>
            </ul>
        </div>
    </form>
    </body>
    </html>
```

根据页面调整数据，进行数据的修改操作。代码如下。

```
    <?php
    //判断form数据是否为POST而来,判断数据提交方式
    if ($_SERVER['REQUEST_METHOD'] != 'POST') {
        //非POST请求
        die('请用post数据传输！');
    } else {
        //POST,处理用户提交的POST请求
        //判断资料id是否填写
        if(!empty($_POST['tab_id'])){
            $tab_id = $_POST['tab_id'];
        }else{
            echo "<script> alert('请填写资料id！');location.href='content.
php'; </script>";
        }
        //判断资料名称是否填写
        if(!empty($_POST['tab_name'])){
            $tab_name = $_POST['tab_name'];
        }else{
            echo "<script> alert('请填写资料名称！');location.href='content.
php'; </script>";
```

```
        }
        //判断资料编著是否填写
        if(!empty($_POST['tab_username'])){
            $tab_username = $_POST['tab_username'];
        }else{
            echo "<script> alert('请填写资料编著! ');location.href='content.
php'; </script>";
        }
        //判断资料简介是否填写
        if(!empty($_POST['tab_content'])){
            $tab_content = $_POST['tab_content'];
        }else{
            echo "<script> alert('请填写资料简介! ');location.href='content.
php'; </script>";
        }
        //判断资料出版社是否填写
        if(!empty($_POST['tab_publish'])){
            $tab_publish = $_POST['tab_publish'];
        }else{
            echo "<script> alert('请填写资料出版社! ');location.href='content.
php'; </script>";
        }
        //判断所属类别是否填写
        if($_POST['tab_name_id'] != '0'){
            $tab_name_id = $_POST['tab_name_id'];
        }else{
            echo "<script> alert('请填写所属类别! ');location.href='content.
php'; </script>";
        }
        include 'DB.php';
        if($link){
            //执行SQL语句
            //修改信息资料
            $sql = "UPDATE tab_infor SET tab_name = '{$tab_name}',tab_
username = '{$tab_username}',tab_content = '{$tab_content}',tab_publish =
'{$tab_publish}',tab_name_id = '{$tab_name_id}' WHERE tab_id = '{$tab_id}'";
            //执行SQL语句
            $result = mysqli_query($link, $sql);
```

```
            if($result){
                echo "<script> alert('修改信息资料成功! ');location.
href='content.php'; </script>";
            } else {
                echo "<script> alert('修改信息资料失败! ');</script>";
            }
        }else{
            die("数据库连接失败");
        }
        //关闭数据库
        mysqli_close($link);
    }
    ?>
```

注意

如果数据修改成功，就会跳转到信息资料页面；数据修改失败，则仍留在修改页面。

4.3.5 高级搜索

长期使用系统，信息资料数据就会变得很多。如果想要查找某一条或者某一些信息，就如同“大海捞针”。为了减少操作者的麻烦，可以使用搜索来解决这个难题。具体实现代码如下。

```
    <?php
    /**
     * 预处理加模糊查询
     */
    //1,接收参数
    $keyword = $_POST['keyword'];
    //2,执行数据库
    //连接数据库
    $host = '127.0.0.1';
    $user = 'root';
    $password = 'root';
    $database = 'information';
    $port = 3306;
    $link = mysqli_connect($host, $user, $password, $database, $port);
    //2,设定SQL语句,要使用"?"占位符替换前端输入内容
```

```
    $query = "SELECT tab_id,tab_name,tab_username,tab_image,tab_content
FROM tab_infor WHERE tab_name LIKE ?";
    //因为使用"?"占位符替换了内容,不能使用mysqli_query()执行SQL语句
    //$result = mysqli_query($link, $query);
    //开启专门的预定义处理方式
    $stmt = mysqli_prepare($link, $query);
    //预处理之后,需要对SQL语句中的"?"进行数据绑定
    //2,绑定具体数值
    //绑定使用函数: mysqli_stmt_bind_param()
    //参数有3个
    //1,$stmt
    //2,数据类型
    //3,绑定具体数值
    //如果需要绑定多个数据,在第2个参数中依次写入数据类型,其他参数为依次需要绑定
的具体数值
    $newKey = "%{$keyword}%";
    mysqli_stmt_bind_param($stmt, 's', $newKey);
    //真正地执行SQL语句,函数的返回值为布尔值,参数为$stmt,返回是否执行成功
    $bool = mysqli_stmt_execute($stmt);
    //如果SQL语句是查询语句,那么需要使用一个专门的函数,执行结果为对象
    $result = mysqli_stmt_get_result($stmt);
    //将对象转化为数组
    $array= mysqli_fetch_all($result, MYSQLI_ASSOC);
    //关闭数据库
    mysqli_close($link);
    ?>
```

4.3.6 前台功能模块

一个Web系统除后台管理模块外，还会有前台功能模块。在信息资料管理系统中，前台功能模块也是很重要的。前台主要面向用户，必须展现出整个网站的特性。网站首页是关于网站的建设及形象宣传的，它对网站的生存和发展起着非常重要的作用。同时，首页是一个信息含量较高的宣传媒介。用户从中不但可以第一时间知道资料的分类，还可以实现资料搜索。下面通过导航了解一下信息资料管理系统的前台主要包含什么内容，前台代码这里不进行具体展示。

网站导航包括Home（首页）、社会类、小说类、新闻类、管理类、经济管理等栏目，如图4-19所示。

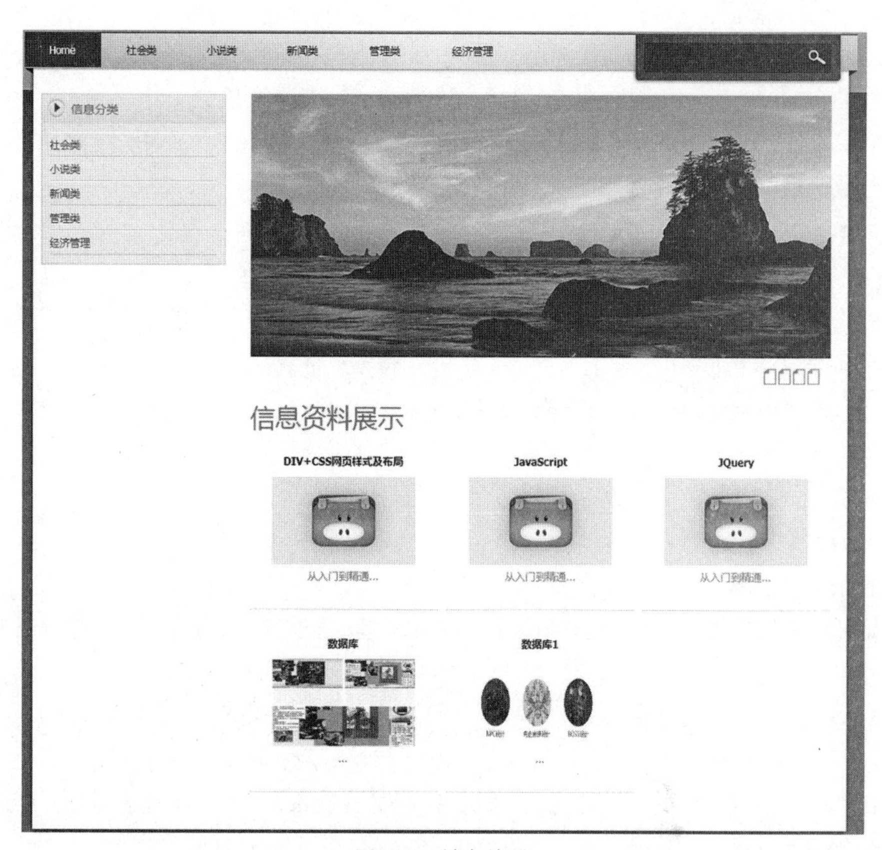

图4-19　前台首页

前台页面的多数功能都是通过将数据库内的数据查询按布局填充到页面中，从而实现页面部分的前端展示。具体代码如下。

```
<div id="templatemo_body_wrapper">
    <div id="templatemo_wrapper">
        <?php include("top.php");?>
        <div class="copyrights"></div>
        <div id="templatemo_main">
            <?php include("left.php");?>
            <div id="content" class="float_r">
                <div id="slider-wrapper">
                    <div id="slider" class="nivoSlider">
                        <img src="images/banner/2.png" alt=""/>
                        <img src="images/banner/4.png" alt=""/>
                        <img src="images/banner/1.png" alt=""/>
                        <img src="images/banner/3.png" alt=""/>
                    </div>
                    <div id="htmlcaption" class="nivo-html-caption">
```

```
                    </div>
                </div>
                <script type="text/javascript" src="js/jquery-
1.4.3.min.js"></script>
                <script type="text/javascript" src="js/jquery.
nivo.slider.pack.js"></script>
                <script type="text/javascript">
                    $(window).load(function() {
                        $('#slider').nivoSlider();
                    });
                </script>
                <h1><a href="information.php">信息资料展示</a></h1>
                <?php foreach ($array as $val){ ?>
                    <div class="product_box">
                        <h3><?php echo $val['tab_name']; ?></h3>
                        <a href="inforDetai.php?id=<?php echo $val
['tab_id'];?>"><img src="Admin/upload/<?php echo $val['tab_image'];?>"
width="168" height="100"/></a>
                        <p><?php echo substr($val['tab_
content'],0,24)."..."; ?></p>
                    </div>
                <?php } ?>
            </div>
            <div class="cleaner"></div>
        </div>
        <div id="templatemo_footer">
            <?php include("footer.php");?>
        </div>
    </div>
</div>
```

信息资料管理系统为用户提供了不同的信息资料展示方法，用户可以查阅、选择自己需要的资料。

在信息资料管理系统中单击信息资料分类的链接，可以查看该类别下的所有信息。如图4-20所示。

图4-20　信息资料分类展示

注意　本项目运用的是软件工程的设计思想，通过一个完整的信息资料管理系统，引导者详细了解该系统的开发流程。

项目 5

校园新闻

项目目标

- 掌握面向对象与面向过程的区别。
- 熟练掌握类与对象的使用，能实现封装、继承和多态。
- 熟练掌握魔术方法、静态成员及自动加载。
- 熟悉运用MVC模式开发项目，熟练使用Smarty模板引擎。
- 了解抽象类与接口。

技能要点

- 面向对象与面向过程的区别。
- 类与对象的关系。
- MVC模式开发项目，Smarty模板引擎的使用。

5.1 项目描述

在前面的项目中，主要是先分析出解决问题所需要的步骤，然后用函数将这些步骤一一实现，使用时依次调用就可以了，这就是所谓的面向过程。

把构成问题的事物分解成各个对象，建立对象的目的不是为了完成一个步骤，而是为了描述某个事物在整个解决问题的步骤中的行为，即面向对象。

5.2 涉及知识

面向对象是一种计算机编程架构，比面向过程编程具有更强的灵活性和扩展性。类与对象是面向对象编程的重要概念。要想学好PHP语言，就一定要掌握面向对象的编程技术。

5.2.1 类的概念

世间万物都有其自身的属性和方法。通过这些属性和方法，可以将不同物质区分开来。例如，人具有体重、身高和肤色等属性，还可以进行吃饭、学习、走路等活动，这些活动可以说是人具有的功能。假如把“人”看作程序中的一个类，那么人的“体重”就是这个类中的属性，“吃饭”就是这个类中的方法。这样看来，类是属性和方法的集合，这就是面向对象编程方式的核心和基础。通过类，可以将零散的用于实现某项功能的代码进行有效管理。例如，创建一个运动类，包括5个属性，即姓名、身高、体重、年龄和性别；定义4个方法，即举重、跳远、打篮球和游泳。

5.2.2 面向对象概述

要了解什么是面向对象，需要先知道对象到底是什么。很简单，在人们的身边，每一种事物的存在都是一种对象。总结为一句话就是，对象是事物存在的实体。下面举个简单的例子，人类就是一个对象，然而对象是有属性和方法的，身高、体重、年龄、姓名、性别这些是每个人都有的特征，可以将其概括为属性。当然，人类还会思考、学习，这些行为相当于对象的方法。不同的对象有不同的行为。

面向对象的特性可以概括为封装性、继承性、多态性。

1. 封装性

封装性，也可以被称为“信息隐藏”，就是将一个类的使用和实现分开，只保留有限的接口（方法）与外部联系。对于用到该类的开发人员，只要知道这个类该如何使用即可，不用去关心这个类是如何实现的。这样做可以让开发人员把更多的精力集中起来，专注于别的事情，同时也避免了程序之间相互依赖所带来的不便。这就像普通用户购买汽车，只需要知道如何驾驶汽车，而不需要去了解汽车的内部构造。

2. 继承性

当多个类具有相同的特征（属性）和行为（方法）时，可以将相同的部分抽取出来放到一个类中作为父类，其他类继承这个父类。继承后，子类自动拥有了父类的属性和方法。例如，熊猫、马、牛的共同特征是动物，有颜色，会跑，会叫，等等。可以把这些特征抽象成一个Animal类（即父类），而它们也有自己的特征，根据这些特征分别抽象出Panda、Horse、Cattle类等。它们拥有Animal类的一般属性和方法，也拥有自己特有的某些属性和方法。特别注意，父类的私有属性（private）和构造方法不能被继承。此外，子类可以写自己特有的属性和方法，目的是实现功能的扩展；子类也可以复写父类的方法，即方法的重写。子类不能继承父类中访问权限为private的成员变量和方法。

3. 多态性

多态性是指对于不同的类，可以有同名的两个（或多个）方法。例如，定义一个汽车类和一个自行车类，二者都可以具有不同的“移动”操作。多态性增强了软件的灵活性和重用性。

5.2.3 类与对象的关系

类是对象的抽象，而对象是类的具体实例。类是抽象的，不占用存储空间；对象是具体的，占用存储空间。类是用于创建对象的蓝图，它是一个定义包括在特定类型的对象中的方法和变量的软件模板。类与对象的关系就像模具和铸件的关系，类的实例化结果就是对象，而对一类对象的抽象就是类，类描述了一组有相同属性和相同方法的对象。

5.2.4 类的定义

与很多面向对象的语言一样，PHP也是通过class关键字加类名来定义类的。类的定义格式如下。

```
<?php
class Animal  //定义一个动物类
{
   //…
}
?>
```

注意 代码中大括号中间的部分是类的全部内容，如Animal就是一个最简单类的骨架，什么功能都没有实现，但这并不影响它的存在。

除class关键字、类名外，类还有成员。其中，成员包括成员属性和成员方法，属性用于描述对象的特征，方法用于描述对象的行为。

类名定义需要遵循以下规则。

（1）类名不区分大小写，如DB、Db、dB都表示同一个类。

（2）定义好类名就可以知道其意思，如Animal表示动物类。

5.2.5 类的成员方法

类中的函数被称为“成员方法”。函数和成员方法唯一的区别就是，函数实现的是某项独立的功能，而成员方法是实现类中的一个行为，是类的一部分。定义一个连接Mysql数据库类的具体代码如下。

```
<?php
class Mysql{
      private $link;
      /**
      * 连接数据库
      * @param string $dbhost 主机名
      * @param string $dbuser 用户名
      * @param string $dbpassword 密码
      * @param string $dbname 数据库名
      * @param string $dbcharset 字符集/编码
      * @return bool 连接是否成功
      **/
      function connect($config){
         global $link;
         //数组的键名当成变量名使用
         extract($config);
         if(!($link= mysqli_connect($dbhost,$dbuser,$dbpassword,$dbname))){
            $this->geterror(mysqli_error($link));//连接mysql不成功报错
         }
         mysqli_query($link,"set names ".$dbcharset);//设置连接编码
      }
}
?>
```

注意

代码中的connect()就是Mysql类中的成员方法。

5.2.6 类的成员属性

类中的成员属性用来保存信息数据，或与成员方法进行交互来实现某项功能。例如，在Mysql类中定义一个$link成员属性（变量），然后就可以在connect( )方法中使用该

变量完成某项功能。

定义成员属性的语法格式如下。

```
关键字  成员属性
```

注意

关键字可以使用public、private、protected、static和final中的任意一个。

5.2.7 类的常量

类中有变量，也会有常量。常量就是不会改变的量，是一个恒值。例如，圆周率就是一个众所周知的常量。定义常量使用关键字const，具体定义如下。

```
const PI=3.1415;
```

5.2.8 类的实例化

完成类的创建后，应用程序若想完成具体功能，还需要根据类创建实例对象。完成类和成员的定义后，并不会真正创建一个对象。这类似建筑物前期的设计图，通过设计图，可以提前知道将要修建的建筑物是什么样的，但设计图本身并不是一个建筑物，不能住进去，只能用它来建造真正的建筑物，并且可以使用它建造很多建筑物。那么如何创建对象呢？

首先要对类进行实例化，实例化是通过关键字new来声明一个对象，然后使用如下语法格式来调用要使用的方法。

```
<?php
        //new关键字实例化Mysql类
        $变量名=new 类名([参数]);
        $mysql= new Mysql();
        $mysqla= new Mysql();
        $mysqlb= new Mysql();
        $mysqlc= new Mysql();
?>
```

注意

一个类可以实例化多个对象，每个对象都是独立的，每个对象都开辟对应的空间存放对象，同一个类声明的多个对象之间没有任何联系，只能说明它们是同一个类型。

5.2.9 访问类中的成员

类中包括成员属性和成员方法，访问类中的成员包括对成员属性和方法的访问。在对类进行实例化后，可以通过对象的引用来访问类中的公有属性和公有方法，即被关键字public修饰的属性和方法，还要用到一个特殊的运算符“->”。访问类中成员的语法格式如下。

```
$变量名=new 类名([参数]);         //类的实例化
$变量名->成员属性=值;             //为成员属性赋值
$变量名->成员属性;               //获取成员属性值
$变量名->成员方法;               //访问对象中指定的方法
```

注意 从上述代码中可以看出，PHP调用类的属性和方法使用符号“->”，而Java、C#等一些面向对象的编程语言采用点“.”来访问。初学者一定要注意，不要混淆。

5.2.10 $this 和 “::”操作符

在PHP面向对象的编程方式中，执行对象中的方法时会自动定义一个$this变量，这个变量便是对对象本身的引用。使用$this变量可以引用该对象的其他方法和属性，并使用“->”作为连接符，如下所示。

```
$this->属性;                //属性名前没有"$"
$this->方法;
```

“::”操作符用于调用常量，也被称为“范围解析操作符”。相较于$this引用只能在类的内部调用，“::”操作符才是真正强大，这也表明常量的输出和变量的输出是不一样的。常量不需要实例化对象，直接由“类名+常量名”调用即可。常量输出的语法格式如下。

```
类名::常量名
```

注意 在使用$this引用对象自身的方法时，直接加方法名并为方法指定参数即可。如果引用的是类的属性，一定注意不要加“$”。

5.2.11 构造方法和析构方法

1. 构造方法

在PHP项目开发中往往会在实例化一个对象时，随着对象初始化一些成员变量。在软件开发中对某个类初始化时，就是把它设置成一种开发者期望的状态或条件，以备使用。为此，PHP引入了构造方法。构造方法是生成对象时自动执行的成员方法，作用是初始化对象。该方法可以没有参数，也可以有多个参数。构造方法的语法格式如下。

```
function  __construct([ mixed args [,…]]){
   //方法体
}
```

在PHP中，构造方法有两种声明方法。第一种，在PHP 5.0.0以前的版本中，构造方法的名称必须与类名相同；第二种，在PHP 5.0.0版本中，构造方法的名称必须是以两个下划线开始的，如__construct()。

在PHP 5.0.0中构造方法的声明发生了很大变化（当时以前的方法还可以使用），这个变化主要是考虑到构造方法可以独立于类名，当类名发生变化时不需要修改相应的构造方法的名称。

一个类只能声明一个构造方法。在构造方法中可以使用默认参数实现其他面向对象的编程语言中构造方法重载的功能。如果在构造方法中没有传入参数，那么将使用默认参数为成员变量进行初始化。

构造方法是在初始化对象时使用的。如果类中没有构造方法，那么PHP会自动生成。自动生成的构造方法没有任何参数，也没有任何操作。

2. 析构方法

PHP使用的是一种“垃圾回收”机制，自动清除不再使用的对象，以释放内存。也就是说，即使不使用unset( )函数，析构方法也会自动被调用，此处只是明确一下析构方法在何时被调用，一般情况下是不需要手动创建析构方法的。析构方法的作用和构造方法正好相反，是在对象被销毁时调用的，作用是释放内存。析构方法的声明格式与构造方法类似，都是以两个下划线开头的，如__destruct( )。析构方法没有任何参数。析构方法的语法格式如下。

```
function __destruct(){
//方法体,通常是完成一些在对象销毁前的清理任务
}
```

5.2.12 抽象类和接口

抽象类和接口都是不能被实例化的特殊类。

1. 抽象类（Abstract）

抽象类是一种不能被实例化的类，只能作为其他类的父类使用。抽象类使用关键字abstract来声明。定义抽象类的语法格式如下。

```
abstract class 抽象类名称{
    //抽象类的成员变量
    abstract function 成员方法(参数);
}
```

从上面的语法格式中可以看出，抽象类和普通类相似，都包含成员变量和成员方法。二者的区别在于，抽象类至少要包含一个抽象方法，抽象方法没有方法体，其功能的实现只能在子类中完成。抽象方法也是使用关键字abstract来修饰的，抽象方法后面用分号结束。抽象类和方法主要应用于层次复杂的关系，这种层次关系要求每一个子类都包含并重写某些特定的方法。

下面通过一个案例来学习抽象类的应用。例如，生活中人们去某地有很多交通工具供选择，每一种交通工具都能到达目的地，但它们的行为是不同的。具体代码如下。

```
<?php
    abstract class traffic{    //定义抽象类
        abstract function car($m,$n);//定义抽象方法"汽车"
        abstract function train($m,$n);//定义抽象方法"火车"
        abstract function motorcar($m,$n);//定义抽象方法"动车"
    }
    class tripmode extends traffic{ //定义出行方式并继承traffic父类
        public function car($m,$n){ //定义"汽车"方法
            echo "选择交通工具是：".$m.",这种方式的价格是:".$n."元";
        }
        public function train($m,$n){ //定义"火车"方法
            echo "选择交通工具是：".$m.",这种方式的价格是:".$n."元";
        }
        public function motorcar($m,$n){ //定义"动车"方法
            echo "选择交通工具是：".$m.",这种方式的价格是:".$n."元";
        }
    }
      //实例化
    $tm=new tripmode();
    //调用"坐动车"方法
    $tm->motorcar('坐动车',300);
    //调用"坐汽车"方法
    $tm->car('坐汽车',180);
?>
```

2. 接口（interface）

与定义抽象类相同，在定义接口时只定义接口的名称或者方法，不定义方法的具体内容。例如，生活中有很多种水管，水管都有共同的接口（共同的方法），即都有进水口和出水口。在定义水管的接口时只定义进水口和出水口，水管的口径大小和颜色不定义，具体定义留给具体水管，这样可以更好地理解“接口”。

PHP只支持单继承，要想实现多重继承，就必须使用接口。继承特性简化了对象、类的创建，增加了代码的可重用性。

接口是一种特殊的抽象类，这种抽象类中只包含抽象方法和静态常量。在接口中的抽象方法只能是public的，默认也是public权限；abstract和final修饰符不能修饰接口中的抽象方法。

```
<?php
    interface Employee
    {
        public $name;
        const GROUP = 12;//静态常量
    }
?>
```

注意　public $name; 这样的定义会报错，接口只能包含抽象方法和静态常量。

```
<?php
    interface Employee
    {
        public function work (){};
        private function getSal(){};
        abstract function getParentSal (){};
    }
?>
```

注意　public function work ( ){};这样的定义会报错，接口只能包含抽象方法和静态常量。

private function getSal( ){}; 这样的定义会报错，接口中的抽象方法只能是public的，默认也是public权限。

abstract function getParentSal ( ){};这样的定义会报错，abstract和final修饰符不能修饰接口中的抽象方法。

```
<?php
    interface Employee
    {
        public function work ();
        function getSal ();
    }
?>
```

接口不能进行实例化操作。要想使用接口中的成员，需要借助子类来完成。子类继承接口使用关键字implements；如果要实现多个接口继承，可以在每一个接口之间用“,”来连接。如果通过子类继承接口的方法，接口中的所有方法都必须在子类中实现。如果不实现某些方法，PHP就会抛出错误信息。那么什么时候使用接口呢？列举如下。

（1）当需要定规范，保持统一性时。

（2）当需要多个平（同）级的类去实现同样的方法，但是实现方式不一样时。

定义接口使用如下规范。

（1）接口不能实例化。

（2）接口的属性必须是常量。

（3）接口的方法必须是public（默认是public），且不能有函数体。

（4）类必须实现接口的所有方法。

（5）一个类可以同时实现多个接口，用逗号隔开。

接口可以继承接口（这样使用比较少）。

下面用一个完整接口案例来具体了解接口的实际应用。

```
<?php
  interface HDMI{
     const brand = 'amazon';          //接口的属性必须是常量
     //接口的方法必须是public (默认是public) ,且不能有函数体
     public function connect();

  }
  //new HDMI (); //接口不能实例化
  //类实现接口
  class Android implements HDMI{
     public function connect(){  //类必须实现接口的所有方法
        echo '实现接口的connect方法';
     }
  }
?>
```

下面讲解如何实现多个接口。

```
<?php
  interface HDMIA{
     public function contact();
  }
  interface HDMIB{
     public function connect();
  }
  //类可以同时实现多个接口
  class miniHDMI implements HDMIA,HDMIB{
     public function connect(){
       echo '实现接口的connect方法';
     }
     public function contact(){
       echo '实现接口的contact方法';
```

```
    }
  }
  $mini=new miniHDMI();          //实例化对象
  $mini->connect();               //调用connect方法
  echo '</br>';
  $mini-> contact();             //调用contact方法
?>
```

5.2.13 继承和多态

继承和多态最根本的作用是完成代码的重用。

1. 继承

“继承”是指子类可以继承父类的所有成员变量和方法，包括构造方法。当子类被创建时，PHP会先在子类中查找构造方法。如果子类有自己的构造方法，PHP会先调用子类中的方法；如果子类中没有自己的构造方法，PHP则去调用父类中的构造方法。

继承是通过关键字extends来声明的。继承的具体语法格式如下。

```
class subClass extends superClass{
    …
}
```

注意

subClass为子类名称，superClass为父类名称，extends为继承关键字。

2. 多态

下面举例说明“多态”：有一个成员方法让大家去旅游，大家选择的出行方式不同，有人坐动车，有人自己驾驶汽车，虽然是同一种方法，却产生了不同的形态，动车要在轨道上行驶，而汽车则在公路上行驶，这就是“多态”。在PHP中，多态可以通过继承和接口两种方法来实现。

1）通过继承实现多态

```
<?php
  abstract class Traffic{     //定义抽象类traffic,用于表示各种交通方法
    abstract function type();  //定义抽象方法type()
  }
  class Car extends Traffic{     //"汽车"类继承抽象类
    public function type(){       //重写抽象方法
      echo "自驾小汽车去旅游";     //输出信息
    }
  }
```

```
    class Motorcar extends Traffic{    //"动车"类继承抽象类
       public function type(){     //重写抽象方法
          echo "乘坐动车去旅游";
       }
    }
    function call($obj){  //自定义方法根据对象调用不同的方法
       if ($obj instanceof Traffic){     //instanceof 关键字:对象是否属于接口
           $obj->type();
       }else{
           echo "传入的参数不是一个对象";
       }
    }
    echo "实例化Car：";
    call(new Car());     //实例化Car
    echo "<br/>";
    echo "实例化Motorcar：";
    call(new Motorcar());     //实例化Motorcar
    /* 运行结果:
        实例化Car:自驾汽车去旅游
        实例化Motorcar:乘坐动车去旅游
    */
?>
```

注意

instanceof操作符用于检测当前对象属于哪个类。

2）通过接口实现多态

```
<?php
    interface Traffic{  //定义抽象类traffic,用于表示各种交通方法
        public function type();  //定义抽象方法type()
    }
    class Car implements Traffic{     //"汽车"类实现Traffic接口
       public function type(){      //定义type方法
          echo "自驾汽车去旅游";     //输出信息
       }
    }
    class Motorcar implements Traffic{    //"动车"类实现Traffic接口
```

```
        public function type(){       //定义type方法
            echo "乘坐动车去旅游";
        }
    }
    function call($obj){   //自定义方法
        if ($obj instanceof Traffic){    //instanceof 关键字:对象是否属于
接口
            $obj->type();
        }else{
            echo "传入的参数不是一个对象";
        }
    }
    echo "实例化Car：";
    call(new Car());      //实例化Car
    echo "<br/>";
    echo "实例化Motorcar：";
    call(new Motorcar());     //实例化Motorcar
    /* 运行结果:
        实例化Car:自驾汽车去旅游
        实例化Motorcar:乘坐动车去旅游
    */
?>
```

5.2.14 面向对象的封装

面向对象编程的特点之一是封装性。类的封装是通过关键字public、private、protected、static和final实现的。在PHP 5.0.0以后的版本中，可以通过这些关键字对类中属性和方法的访问权限进行限定，将类中的成员分为公有成员、私有成员和保护成员，这使得PHP面向对象的编程方式更加人性化，开发的程序的安全性也相对明显提高。

成员变量和成员方法都有相同的关键字。

1. 公有成员的关键字 public

顾名思义，公有成员就是可以公开的、没有必要隐藏的数据信息，可以从程序中的任何位置（类内，类外）被其他类和对象调用。子类可以继承和使用父类中所有的公有成员。

在本项目中，类中的属性、方法未加任何关键字修饰，所有属性默认声明为public，所有方法也默认为public。因此，属性和方法都可以在类外部的调用执行。

2. 私有成员的关键字 private

被关键字private修饰的变量和方法，只能在所属类的内部被调用和修改，不可以在类外被访问，即使在子类中也不可以。

3. 保护成员的关键字 protected

关键字private可以将数据完全隐藏起来，除了在本类外，其他地方都不可以调用，子类也不可以。有些变量希望子类能够被调用，但对另外的类来说，还要做到封装，这时就可以使用关键字protected。

注意

被protected修饰的类成员，可以在本类和子类中调用，其他地方不可以调用。虽然在PHP中没有对修饰变量的关键字进行强制性的规定和要求，但从面向对象的特征和设计方面考虑，一般使用关键字private或protected修饰变量，以防止变量在类外被直接修改和调用。

5.2.15 关键字static（静态变量或方法）

不是所有的变量（方法）都需要通过创建对象来调用。加上关键字static的变量（方法）可以直接调用。静态成员是不用实例化的对象，当类第一次被加载时就已经被分配了内存空间，因此，直接调用静态成员的速度要快一些。但如果静态成员声明得过多，空间一直被占用，反而会影响系统功能。对于这个度的把握，只能通过实践来积累。调用静态成员的语法格式如下。

```
关键字::静态成员
```

注意

此处的关键字可以是parent、self。

- parent：可以调用父类中的成员变量、方法、常量。
- self：可以调用当前类中的静态成员和常量。

5.2.16 关键字final

关键字final的中文含义是“最终的，最后的”。被final修饰过的类和方法就是“最终的版本”。

如果定义了一个最终类，该类就不能再被继承，也就没有子类了。语法格式如下。

```
final class class_name{
//…
}
```

如果定义了一个最终方法，该方法就不可以重写和覆盖。语法格式如下。

```
final function method_name()
```

所谓“覆盖父类方法”，就是子类创建与父类方法相同的方法名、参数和返回值类型，子类中的方法将替换父类中继承的方法，这也被称为“方法重写”。

如果在父类和子类中都定义了构造方法，当子类的对象被创建后，将调用子类的构造方法，而不会调用父类的构造方法。

5.2.17 关键字clone

关键字clone主要用于对象的克隆，克隆后的对象和原对象是完全独立的，没有任何关系，就是将原对象从当前位置重新复制一份。克隆成功的新对象和原对象成员方法、属性、值完全相同，如果要克隆后的副本对象在克隆时重新为成员属性赋初始值，需要使用魔术方法_ _clone()，在内存中新分配一块空间。具体语法格式如下。

```
//克隆后对象名称=clone 原对象名称
$new_obj=clone $old_obj;
```

魔术方法_ _clone会对对象克隆后的副本重新初始化，不需要任何参数，包含$this副本对象和$that原对象的引用。示例如下。

```
<?php
   class Traffic{                        //定义traffic类
   private $name='car';               //声明私有变量name,并赋值
      public function setname($name){     //声明成员方法,并为变量赋值
      $this->name=$name;
   }
   public function getname(){           //声明成员方法,并返回值
      return $this->name;
   }
      public function __clone(){           //声明_ _clone方法
         $this->name='Motorcar';
     }
   }
   $Traffic = new Traffic();     //实例化Traffic
   $Motorcar = clone $Traffic;
   echo "对象Traffic的变量值为：".$Traffic->getname();
   echo "<br/>";
   echo "对象Motorcar的变量值为：".$Motorcar->getname();
   /* 运行结果：
        对象Traffic的变量值为：car
        对象Motorcar的变量值为：Motorcar
   */
?>
```

常用的魔术方法如下。

在前面内容中可以看到很多以两个下划线开头的方法，这些方法在PHP中被称为“魔术方法”。除前面这些方法外，还有如下方法。

1）_ _autoload()

在开发项目时如果要在一个页面中引进很多类，需要使用include_once( )或require_once( )函数将文件一个一个引入，这样的操作令人很头疼。PHP为减轻开发者编码的工作量，在PHP 5.0.0中加入了魔术方法_ _autoload( )（自动加载类）来解决。应用_ _autoload( )方法，可以自动实例化需要使用的类。

具体原理是：当要使用一个类而该类没有被实例化时，_ _autoload( )方法会在指定的路径下自动查找和该类名称相同的文件。如果找到，就继续执行，反之则报告错误。通过下面的案例来对比理解。

没有使用_ _autoload()方法时：

```
<?php
   include_once "Mysql.php";//引入Mysql类
   include_once "FileUpload.php";//引入上传类
?>
```

在PHP5.0.0后，可以使用_ _autoload()方法：

```
<?php
   function _ _autoload($class){
   //当实例化一个对象时,系统会自动检查是否引入此文件;如果没有引入,则自动引入;要注意,在写类名时一定要和文件名称相同,否则引入文件会失败
   $path= $class.'.php';     //类文件路径
   if(!file_exists($path)){    //判断类文件是否存在
      echo  '类的路径错误';
   }else{
      include_once $path;      //动态引入类文件
   }
  }
   $mysql=new Mysql();
   $Upload=new FileUpload();
?>
```

由于系统的不断升级，在PHP 7中自动加载了一个函数spl_autoload_register( )，则_ _autoload()方法就无效了。

```
<?php
   function autoload($class){
   //当实例化一个对象时,系统会自动检查是否引入此文件;如果没有引入,则自动引入;要注意,在写类名时一定要和文件名称相同,否则引入文件会失败
```

```
    $path= $class.'.php';    //类文件路径
    if(!file_exists($path)){    //判断类文件是否存在
       echo  '类的路径错误';
    }else{
       include_once $path;     //动态引入类文件
    }
  }
  sql_autoload_register("autoload"); //参数为:函数的名称
  $mysql=new Mysql();
  $Upload=new FileUpload();
?>
```

2）_ _call()

为避免当调用的方法不存在或者不可见时产生错误，可以使用 _ _call( )方法来规避。在调用的方法不存在时，该方法会被自动调用，程序仍会继续执行下去。具体语法格式如下。

```
_ _call (string $name, array $arguments)
   <?php
   class Test{
       public function _ _call($method,$parameter){
           echo $method;
           var_dump($parameter);
          }
      }
      $obj=new Test();
      $obj->getname(1,2);
   ?>
```

3）_ _toString()

将对象转换成字符串，这样可以使用echo或print输出对象。具体语法格式如下。

```
<?php
class Test{
    public function _ _toString(){    //定义_ _toString()方法
        return '方法体';           //返回字符串
      }
   }
   $obj=new Test();
   echo $obj;
  //运行结果
   /*方法体*/
 ?>
```

注意

如果没有__toString()方法，使用echo输出对象时会发生致命错误（fatal error）。提示如下。

```
Catchable fatal error: Object of class Test could not be converted to string in xxx\test.php on line 6
```

4） __isset()

该方法用于类的外部检测私有成员属性值是否被设定。看到__isset( )方法，就会想到isset( )函数。isset( )函数主要是用于检测变量是否存在，返回值为布尔类型。如果存在，返回true，反之返回false。在面向对象中，如果对象里面的成员属性是公有的，可以直接使用 isset( ) 函数；如果成员属性是私有的，使用isset( )函数就不起作用了，原因是私有的属性被封装了，在外部不可见，这时就需要在类里面加上一个__isset( )方法。当在类外部使用isset( )函数来检测对象里面的私有成员是否被设定时，会自动调用类里面的__isset( )方法来帮助完成检测这样的操作。

语法格式如下。

```
bool __isset(string name)     //传入对象中的成员属性名,返回检测结果
```

示例如下。

```
<?php
class Person
{
   public $name;
   private $sex;
   public function __construct($name='',$sex='男')
   {
      $this->name = $name;
      $this->sex=$sex;
   }
   /**
    * @param $property  被检测属性
    * @return bool
    */
   public function __isset($property) {
      echo "类外部使用isset()函数检测私有成员{$property}时,自动调用<br>";
      return isset($this->$property);
   }
}
$person = new Person('小慧','女'); //实例化并初始化赋值
var_dump(isset($person->name));
```

```
echo "<br>";
var_dump(isset($person->sex));
//运行结果
/*
bool(true)
类外部使用isset()函数检测私有成员sex时,自动调用
bool(true)
*/
?>
```

5） __unset()

该方法用于类的外部删除私有成员属性。看到__unset( )方法，就会想到unset( )函数，unset( )函数主要用于删除指定变量，参数为要删除变量的名称，无返回值。在面向对象中，如果对象里面的成员属性是公有的，可以直接使用 unset( )函数进行删除操作；如果要删除的是私有的成员属性，使用unset( )函数就不起作用了，这时就需要在类里面加上一个__unset( )方法。当在类外部使用unset( )函数来删除对象里面的私有成员属性时，会自动调用类里面的__unset( )方法，以帮助unset函数在类的外部完成删除指定的私有成员属性的操作。

语法格式如下。

```
void  __unset(string name)  //传入对象中的成员属性名,执行成员删除操作
```

示例如下。

```
<?php
   //属性重载
   class Person{
       //属性
       public $name;
       private $sex;
       //构造方法
       public function __construct($name='',$sex='男') {
          $this->name = $name;
          $this->sex  = $sex;
       }
       //增加__unset方法,没有返回值
       public function __unset($property){
          $allow = array('sex');
          //判断
          if(in_array($property,$allow)){
             //允许删除,帮助删除
```

```
            unset($this->$property);
        }
    }
}
echo '<pre>';
$person = new Person('小慧','女');     //实例化,并初始化赋值
var_dump($person);
//删除属性
//unset($person->name);                      //公有属性可以直接被unset
//var_dump($person);
//unset私有属性
unset($person->sex);
var_dump($person);
echo '</pre>';
//运行结果
/*
   object(Person)#1 (2) {
     ["name"]=>
     string(6) "小慧"
     ["sex":"Person":private]=>
     string(3) "女"
   }
   object(Person)#1 (1) {
     [“name”]=>
     string(6) "小慧"
   }
*/
?>
```

6）_ _set()和_ _get()

在实际开发应用中，经常把类的属性设置为私有（private）的，如果需要对属性进行访问，就变得比较麻烦。可以将其写成一个方法来实现属性的访问，PHP提供了一些特殊方法来方便此类操作。_ _set( )方法在程序运行过程中为私有的成员属性设置值，不需要任何返回值，该方法需要变量名称和变量值两个参数，两个参数不可省略。在对象外部要获取私有成员属性的值时，就使用_ _get( )方法，返回一个允许对象在外部使用的值。这两个方法不需要主动调用，为防止用户直接调用，可在方法前加private修饰关键字。

```
<?php
class Book {
```

```
    private $name;
    //__set()方法用来设置私有属性
    function __set($property_name, $value) {
        echo "在直接设置私有属性值的时候,自动调用了这个__set()方法为私有属
性赋值<br/>";
        $this->$property_name = $value;
    }
    //__get()方法用来获取私有属性
    function __get($property_name) {
        echo "在直接获取私有属性值的时候,自动调用了这个__get()方法<br/>";
        return isset($this->$property_name) ? $this->$property_name : NULL;
    }
}
$book=new Book();
//直接为私有属性赋值的操作,会自动调用__set()方法进行赋值
$book->name = "PHP+MYSQL";
//直接获取私有属性的值,会自动调用__get()方法,返回成员属性的值
echo "书籍名称: ".$book->name;
//运行结果
/*
在直接设置私有属性值的时候,自动调用了这个__set()方法为私有属性赋值
在直接获取私有属性值的时候,自动调用了这个__get()方法
书籍名称: PHP+MYSQL
*/
?>
```

5.3 任务实现

本项目利用MVC（Model View Controller）编程模式实现。该模式是一种软件设计典范，是软件工程中的一种软件架构模式，用一种业务逻辑、数据、界面显示分离的方法组织代码，将业务逻辑聚集到一个部件里面，在改进和个性化定制界面及用户交互的同时，不需要重新编写业务逻辑。

在PHP中，MVC模式也被称为“Web MVC”。MVC的目的是实现一种动态的程序设计，以便于后续对程序的修改和扩展简化，并且使程序某一部分的重复利用成为可能。除此之外，该模式通过对复杂度的简化，使程序结构更加直观。软件系统通过对自身基本部分进行分离的同时，也赋予各基本部分应有的功能。网络上有大量优秀的MVC框架可供使用，本项目并不是为了开发一个全面的、终极的MVC框架解决方案，而是将它看

作一个很好的从内部学习PHP的机会。在此过程中，读者将学习面向对象编程和MVC模式，并学习到开发中的一些注意事项；更重要的是，可以完全控制自己的框架，并将自己的想法融入到自己开发的框架中。MVC模式同时提供了对 HTML、CSS 和 JavaScript 的完全控制。

- Model（模型）：是应用程序中用于处理应用程序数据逻辑的部分。通常模型对象负责在数据库中存取数据。
- View（视图）：是应用程序中处理数据显示的部分。通常视图是依据模型数据创建的。
- Controller（控制器）：是应用程序中处理用户交互的部分。通常控制器负责从视图中读取数据，控制用户输入，并向模型发送数据。

MVC分层有助于管理复杂的应用程序，可以在一段时间内专门关注一个方面。例如，可以在不依赖业务逻辑的情况下专注于视图设计。MVC分层同时也简化了分组开发。不同的开发人员可以同时开发视图、控制器逻辑和业务逻辑，同时也让应用程序的测试更加容易。

5.3.1 MVC框架搭建

MVC模式原理图如图5-1所示，本项目的目录结构如图5-2所示。

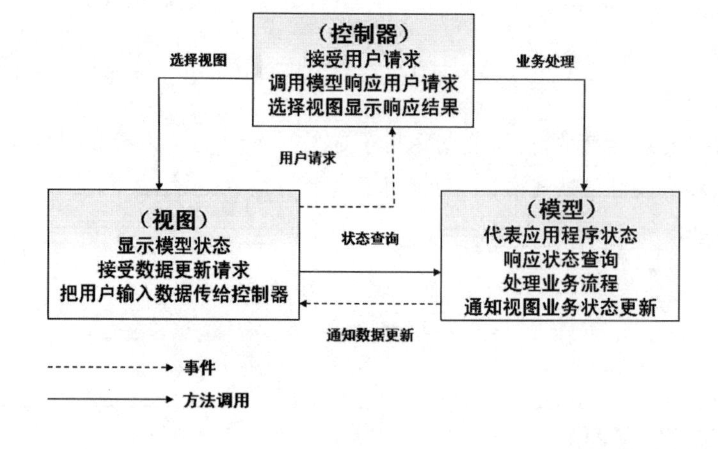

图5-1　MVC模式原理图

framework
libs
runtime
static
template
upload
admin.php
config.php
index.php

图5-2　项目的目录结构

虽然项目不一定使用到图5-2中的所有目录，但是为了以后程序的可拓展性，在一开始就把目录设置好是非常必要的。下面具体了解一下各目录的作用。

- /framework：框架核心目录。
- /libs：类库目录。
- /runtime：临时数据目录。
- /static：前端静态资源目录。
- /template：模板目录。
- /uploads：存放上传的文件。
- /admin.php：后台访问入口文件。
- /config.php：程序配置或数据库配置。
- /index.php：前台访问入口文件。

framework框架核心目录如图5-3所示。

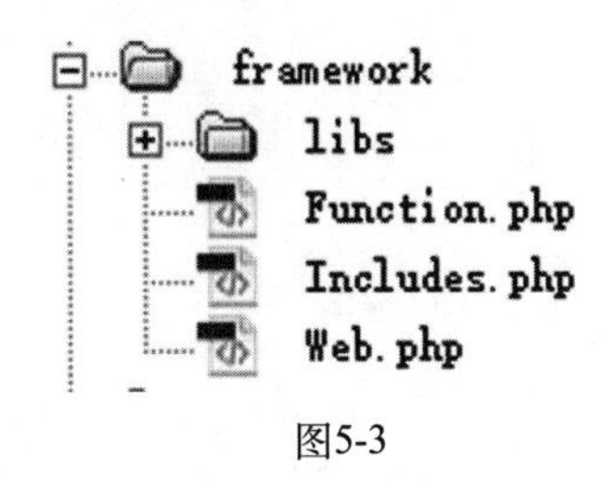

图5-3

- /libs：存放类库文件。
- /Function.php：存放图片文件。
- /Includes.php：存放要引用的集合。
- /Web.php：框架入口文件。

static前端静态资源目录如图5-4所示。

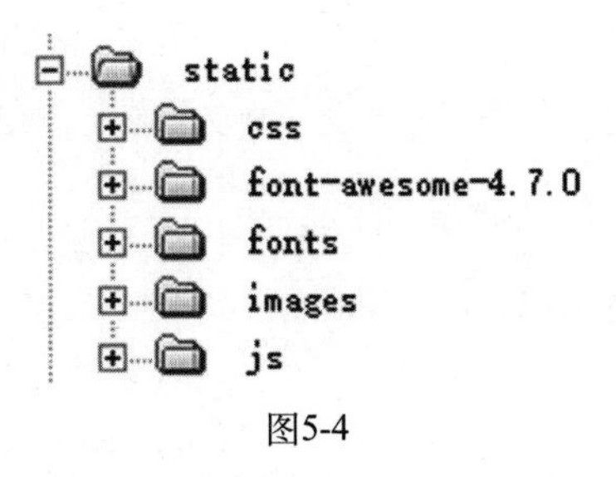

图5-4

- /css：存放css文件。
- /font-awesome-4.7.0：网页字体图标库。
- /fonts：存放字体文件。
- /images：存放图片文件。
- /js：存放js文件。

5.3.2 框架核心类

在framework目录下建立一个名为Web.php的文件。代码如下。

```
<?php
    //设置页面编码
    header("Content-type: text/html; charset=utf-8");
    //设置默认时区
    date_default_timezone_set('Asia/Shanghai');
    //获取该文件当前所在文件夹的路径
    $currentdir = dirname(__FILE__);
    //引入要引用的文件列表
    include_once($currentdir.'/include.list.php');
    //引入所有模板所需的文件
    foreach($path as $value){
        include_once($currentdir.'/'.$value);
    }
    //框架入口类
    class Web{
        //外部调用入口方法
        public static function run(){
            echo('MVC');
        }
    }
?>
```

此处创建了一个静态方法run( )。现在通过入口文件index.php测试一下。index.php页面的代码如下。

```
<?php
    //引入需要调用的页面
    require_once('./framework/Web.php');
    //调用Web类中的run()方法
    Web::run();
?>
```

在浏览器地址栏中输入“http://www.myweb.com/index.php”来访问、查看结果。通常这个静态方法被命名为run( )，在这个方法中最主要的是完成一些初始化。具体代码如下。

```
<?php
    //框架入口类
    class Web{
        //获取控制器
        private static function init_controller(){
```

```
}
        //获取方法
        private static function init_method(){
        }
        //连接数据库
        private static function init_db(){
        }
        //获取视图
        private static function init_view(){
        }
        //外部调用入口方法
        public static function run(){
            self::init_db();
            self::init_view();
            self::init_controller();
            self::init_method();
            //执行基础控制器方法
            Controller(self::$controller,self::$method);
        }
    }
?>
```

1）基础控制器（Controller）层的实现原理

通常在框架的核心类中都有一个基础控制器。在上面的run( )方法中可以看到利用类中的关键字self调用Web类中的私有静态方法init_db( )、init_view( )、init_controller( )和init_method( )。每一个方法对应的代码在./framework/Function.php文件里，该文件主要是分别构建MVC框架的三层，便于外部调用。具体代码如下。

```
<?php
    //模型层构建
    function M($name){
        require_once('libs/Model/'.$name.'Model.class.php');
        $Model = $name.'Model';
        $obj = new $Model();
        return $obj;
    }
    //视图层构建(项目中用开源的Smarty模板引擎,此函数只作构建,需读者自己完善)
    function View($name){
        require_once('libs/View/'.$name.'View.class.php');
```

```
        $View = $name.'View';
        $obj = new $View();
        return $obj;
    }
    //控制器构建
    function Controller($name,$method){
        require_once("libs/Controller/".$name.".class.php");
        $obj = new $ name ();
        $obj->$method();
    }
?>
```

2）模型（Model）层的实现原理

Model也被称为“数据逻辑层”，只要操作数据库就会被调用。需要定义Model类时，mysql.php作为连接数据库的基础操作类文件，被创建在framework/libs/目录下，封装了数据库的连接和一些数据库基础操作方法；db.php文件封装所有的CRUD( )方法，被创建在framework/libs/core目录下。

有了基础模型，项目的具体模型可以根据表来创建。为了保证在开发中核心框架不改变，将控制器和模型扩展到框架外来创建。本项目将模型、控制器创建在与framework同级的目录libs下。在libs下创建Controller和Model目录，专门用于存放控制器和模型。

3）视图（View）层的实现原理

简单地说，视图层就是通过浏览器看到的HTML页面。要将数据按照页面规定的方式呈现出来，就需要控制器来调配需要显示的具体页面。在Index控制器内的index方法中，可以看到有以下代码。

```
View::assign(array('data'=>$data));View::display('index/index.html');
```

它是View的主角。本项目利用开源的Smarty模板引擎，不管是自己扩展还是利用引擎都可以实现对View的操作。通过代码可以看到，View是一个类（文件的具体位置为./framework/libs/core/view.php）。具体代码如下。

```
<?php
class View {
    public static $view;
    //Smarty模板引擎配置
    public static function init($view,$config){
        //实例化smarty
        self::$view = new $view;
        foreach($config as $key=>$value){
            self::$view -> $key = $value;
```

```
        }
    }
    //页面变量定义
    public static function assign($data){
        foreach($data as $key=>$value){
            self::$view->assign($key, $value);
        }
    }
    //页面渲染
    public static function display($template){
        self::$view->display($template);
    }
}
?>
```

Smarty是一个PHP模板引擎。准确地说，它分离了逻辑程序和外在内容，提供了一种易于管理的方法。Smarty总的设计理念就是分离业务逻辑和表现逻辑，优点如下。

（1）速度：相对于其他模板引擎技术而言，采用Smarty编写的程序可以获得最大速度的提高。

（2）编译型：采用Smarty编写的程序在运行时要编译成一个非模板技术的PHP文件，该文件采用PHP与HTML混合的方式，在下一次访问模板时将Web请求直接转换到该文件中，而不再进行模板的重新编译。在源程序没有改动的情况下，使用后续的调用速度更快。

（3）缓存技术：Smarty提供了一种可选择使用的缓存技术，它可以将用户最终看到的HTML文件缓存成一个静态的HTML页面。当用户开启Smarty缓存时，在设定的时间内将用户的Web请求直接转换到这个静态的HTML文件中，相当于调用一个静态的HTML文件。

（4）插件技术：Smarty模板引擎是采用PHP面向对象的技术来实现的，不仅可以在源代码中修改，还可以自定义一些功能插件（按规则自定义的函数）。

（5）强大的表现逻辑：在Smarty模板中能够通过条件判断迭代地处理数据，它实际上是一种程序设计语言，语法格式简单，设计人员在不需要预备编程知识的前提下就可以很快学会。

开源的Smarty模板引擎在使用前要进行配置，配置文件集中在项目根目录下的config.php文件内，以便于后期维护。

```
    'viewconfig' => array(
                        'left_delimiter' => '{',
                        'right_delimiter' => '}',
                        'template_dir' => ' template',
```

```
                        'compile_dir' => 'runtime/template_c'
                    )
                //Smarty模板引擎配置
                /*
    $smarty->left_delimiter=$config["left_delimiter"];//左定界符
    $smarty->right_delimiter=$config["right_delimiter"];//右定界符
    $smarty->template_dir=$config["template_dir"];//html模板的地址
                $smarty->compile_dir=$config["compile_dir"];//模板编
译生成的文件
                $smarty->cache_dir=$config["cache_dir"];//缓存
                */
```

这里指定模板所在位置为项目的template目录下，也就是项目视图的所在位置。模板引擎需要编译生成，需配置生成目录runtime/template_c。

模板引擎放在framework/libs/view/Smarty目录下，Smarty.class.php是模板引擎入口类，控制器方法内的`View::assign(array('data' => $data));View::display('index/index.html');`实际使用模板引擎提供的assign()、display()方法。

- {：左定界符，用于模板变量开始。
- }：右定界符，用于模板变量结束。
- assign：定义模板使用的变量。`View::assign(array('data' => $data))`需要同时定义多个模板变量，可以使用array这种格式，此处只定义data模板变量。
- display：渲染的模板。

网站首页模板放在template/index目录下，模板页面使用的素材、样式、js脚本都放在项目根目录下的static内。

在View模板里调用str变量，需使用“{$str}”这种方式。数组输出使用如下格式遍历。

```
Array
(
    [0] => Array
        (
            [id] => 9
            [cid] => 4
            [title] => 新华体育
            [content] => <p>内容输入区！</p><p><img src=\"../upload/
2019-06-29/20190629120726284 7.jpeg\" style=\"max-width:100%;\"><br></p>
<p><br></p>
            [uid] => 1
            [imgpath] => ../upload/2019-06-29/20190629120726284 7.jpeg
```

```
            [addtime] => 2019-08-25 15:02:22
        )
    [1] => Array
        (
            [id] => 2
            [cid] => 5
            [title] => 新华教育
            [content] => <p>内容输入区! </p><p><br></p>
            [uid] => 1
            [imgpath] => ../upload/2019-06-29/20190629112442693.jpeg
            [addtime] => 2019-07-09 14:00:57
        )
    [2] => Array
        (
            [id] => 1
            [cid] => 1
            [title] => 新华
            [content] => <p><img src=\"../upload/2019-06-29/
20190629112442693.jpeg\" style=\"max-width:100%;\"><br></p><p><br></p>
            [uid] => 1
            [imgpath] => ../upload/2019-06-29/20190629112442693.jpeg
            [addtime] => 2019-07-09 14:00:08
        )
    [3] => Array
        (
            [id] => 12
            [cid] => 1
            [title] => 新华微信
            [content] => <p>内容输入区! <img src=\"\\&quot;../uplo
ad/2019-06-29/201906291255265165.jpeg\\&quot;\" style=\"\\&quot;font-
size:\" 1rem;=\"\" max-width:=\"\" 100%;\\\"=\"\"></p><p><br></p>
            [uid] => 1
            [imgpath] => ../upload/2019-06-29/201906291255265165.jpeg
            [addtime] => 2019-07-09 13:59:41
        )
    [4] => Array
        (
            [id] => 11
```

```
            [cid] => 1
            [title] => 新华
            [content] => <p>内容输入区！</p><p><br></p><p><br></p>
            [uid] => 1
            [imgpath] => ../upload/2019-06-29/20190629121103459б.jpeg
            [addtime] => 2019-07-09 13:59:21
        )
)
```

模板遍历的输出格式如下。

```
{foreach $data as $news}
    <div class="carousel-item active">
        <img src="{$news.imgpath}" class="carousel-img" />
        <div class="carousel-caption">
            <h3>{$news.title}</h3>
        </div>
    </div>
{/foreach}
```

这里的foreach和PHP类似，但要注意有结束{/foreach}，是不是和html标签类似？它是二维数组，所以每一项用“.”来输出（{$news.imgpath}），一定要注意格式。

以上是实现一个简易MVC模式的过程。

5.3.3 利用MVC实现后台功能

1. 后台登录

根据前面MVC主设计模式的创建，下面在libs/Model目录下创建managerModel.class.php模型，对应表manager。

```
<?php
    class managerModel{
        private $_table = 'manager';
        //登录验证
        public function login($usename,$password){
            if($userinfo=$this->checkuser($usename,$password)){
                return $userinfo;
            }else{
                return false;
            }
        }
        //验证用户名和密码是否一致
```

```
        private function checkuser($usename,$password){
            $sql = "select * from ".$this->_table." where uname='".$usename."'
and password='".$password."'" ;
            return DB::findOne($sql);
        }
        //获取所有管理员
        function getusers(){
            $fields='id,uname,sex,phone,email';
             $data = $this->findAllfield($fields);
            //重设数据
            foreach($data as $key=>$val){
                $data[$key]['sex']=($val['sex']==1 ? '男' : '女');
            }
            return $data;
        }
        //自定义字段获取
        function findAllfield($fields='*'){
            $sql = "select ".$fields." from ".$this->_table.' order by
addtime desc';
            return DB::findAll($sql);
        }
        //根据ID获取名称
        function getnamebyid($id){
                $id = intval($id);
                $sql = 'select uname from '.$this->_table.' where id = '.$id;
                $data=DB::findOne($sql);
                return $data['uname'];
        }
        function findAll_orderby_dateline(){
            $sql = 'select * from '.$this->_table.' order by addtime desc';
            return DB::findAll($sql);
        }
        function count(){
            $sql = 'select count(*) from '.$this->_table;
            return DB::findResult($sql);
        }
        function getusersinfo($id){
            if(empty($id)){
```

```
                return array();
            }else{
                $id = intval($id);
                $sql = 'select * from '.$this->_table.' where id = '.$id;
                return DB::findOne($sql);
            }
        }
        //删除用户
        function del($id){
            $id = intval($id);
            return DB::del($this->_table,'id='.$id);
        }
    }
?>
```

在libs/Controller目录下创建一个Admin.class.php作为后台控制器。

```
<?php
    class Admin{
        //登录验证
        public function login(){
            if($_POST){
                //进行登录处理
                $this->checklogin();
            }else{
                //显示登录页面
            }
        }
        private function checklogin(){
            //登录处理
        }
    }
?>
```

有了模型和控制器，还缺少视图，将实现好的前端HTML页面放到项目根目录template/admin内，前端页面需要将css、images、js放在static目录内。

```
<!DOCTYPE html>
<html lang="en">
<head>
    <meta charset="UTF-8">
```

```
        <title>校园新闻--后台管理登录</title>
        <link  href="../../static/css/main1.css" rel="stylesheet" type="text/css">
        <script  type="text/javascript" src="../../static/js/jquery-3.3.1.min.
js"></script>
        <script src="../../static/js/main.js" type="text/javascript">
</script>
        <script src="../../static/js/login.js" type="text/javascript">
</script>
    </head>
    <body>
    <nav>
        <div class="nav-wrapper login">
            <ul id="nav-mobile" class="right hide-on-med-and-down">
            </ul>
        </div>
    </nav>
    <main class="container valign-wrapper" style="padding-top: 10vh;">
        <div class="card-panel hoverable right" id="loginBox">
            <h5 class="center text">校园新闻--管理员登录</h5>
            <form class="row">
                <div class="input-field">
                    <label for="username">账号</label>
                    <input type="text" id="username" class="validate"
name="username">
                </div>
                <div class="input-field">
                    <label for="password">密码</label>
                    <input type="password" id="password" class="validate"
name="username">
                </div>
                <div class="col right">
                    <input type="checkbox" id="rememberPassword"/>
                    <label for="rememberPassword">记住密码</label>
                </div>
                <div class="col s12">
                    <button type="button" class="waves-effect waves-light
btn col s6 push-s2" id="subBtn">登录</button>
                </div>
```

```
        </form>
    </div>
</main>
</body>
</html>
```

如何利用框架来访问此页面？在项目根目录下创建一个后台登录访问admin.php。代码如下。

```
<?php
    require_once('./config.php');
    require_once('./framework/Web.php');
    Web::run($config);
?>
```

完善framework/Web.php的代码如下。

```
<?php
    //设置页面编码
    header("Content-type: text/html; charset=utf-8");
    //设置默认时区
    date_default_timezone_set('PRC');
    //获取该文件当前所在文件夹路径
    $currentdir = dirname(__FILE__);
    //引入要引用的文件列表
    include_once($currentdir.'/includes.php');
    //引入所有模板所需文件
    foreach($path as $value){
        include_once($currentdir.'/'.$value);
    }
    //框架入口类
    class Web{
        public static $controller;
        public static $method;
        private static $config;
        //获取控制器
        private static function init_controller(){
            self::$controller = isset($_GET['c'])    ?    addslashes($_
GET['c']) : 'index';
        }
        //获取方法
```

```
        private static function init_method(){
            self::$method = isset($_GET['m'])? addslashes($_GET['m']):
'index';
        }
        //连接数据库
        private static function init_db(){
            DB::init('mysql',self::$config['dbconfig']);
        }
        //获取视图
        private static function init_view(){
            //使用Smarty模板引擎
            VIEW::init('Smarty',self::$config['viewconfig']);
        }
        //模板引擎启动,外部调用入口方法
        public static function run($config){
            self::$config = $config;
            self::init_db();
            self::init_view();
            self::init_controller();
            self::init_method();
            //执行控制器方法
            Controller(self::$controller,self::$method);
        }
    }
?>
```

可以通过在浏览器地址栏中输入如下内容来访问登录页面。效果如图5-5所示。

http://www.myweb.com/admin.php?c=admin&m=login

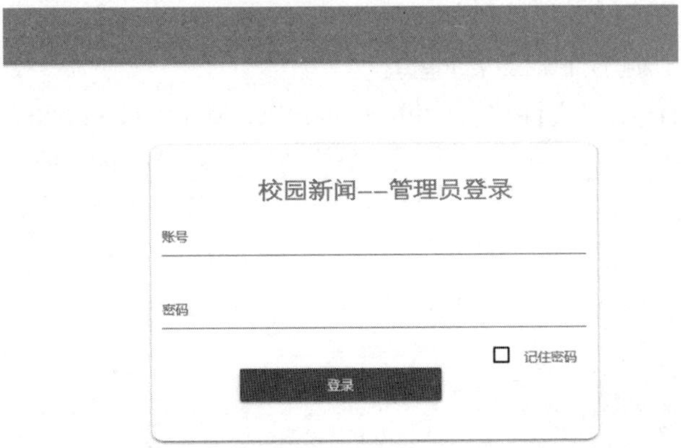

图5-5　登录页面

登录页面通过ajax实现其功能。下面具体剖析。

login.js代码如下。

```
$(function () {
    $('#subBtn').click(function () {
        var isChecked = $('#rememberPassword').prop('checked');
        var usernamVal = $('#username').val();
        var passwordVal = $('#password').val();
        if (!usernamVal) {
            Materialize.toast("请输入账号", 2000);
            return;
        }
        if (!passwordVal) {
            Materialize.toast("请输入密码", 2000);
            return;
        }
        var con = {uVal: usernamVal, pVal: passwordVal};
        $.post("admin.php?c=admin&m=login", con, function (data) {
            var result = JSON.parse(data);
            if (result.code == 1) {
                window.location.href = result.url;
            }
            Materialize.toast(result.msg, 2000);
        });
    });
});
```

从ajax代码中可以看出访问MVC地址的方式为 `admin.php?c=admin&m=login` 。

- admin.php：指后台首页。
- c=admin：指访问控制器admin。
- m=login：指访问控制器方法login。

控制器Admin的代码（文件位置为libs/Controller/Admin.class.php）如下。

```
<?php
    class Admin{
        //登录验证
        public function login(){
            if($_POST){
                //进行登录处理
                $this->checklogin();
```

```
            }else{
                //显示登录页面
                View::display('admin/login.html');
            }
        }
        private function checklogin(){
            $data['code']=0;
            if ($obj->loginsubmit()) {
                $data['code']=1;
                $data['msg']='登录成功';
                $data['url']='admin.php?c=admin&m=add';
            }else{
                $data['msg']='账号或密码错误，请重新输入';
                $data['url']='admin.php?c=admin&m=login';
            }
            echo json_encode($data);
        }
    }
?>
```

从控制器checklogin( )方法实现代码可以看出，有登录成功后的提示，还会跳转到admin.php?c=admin&m=add中。由于是后台，需要登录成功后才能访问这些页面，所以需要判断是否登录，还需要在控制器Admin的代码（文件位置为libs/Controller/Admin.class.php）中添加判断是否登录，此处利用构造函数特点进行验证工作。

```
<?php
    class Admin{
        public $auth = "";
        //构造方法判断当前是否登录,如果不是登录页,也不是已登录,跳转到登录页
        public function _ _construct(){
            $authobj = M('auth');
            $this->auth = $authobj->getauth();
            if((Web::$method!='login') && empty($this->auth)){
                $this->showmessage('请登录，再操作','admin.php?c=
admin&m=login');
            }
        }
        //登录验证
        public function login(){
            if($_POST){
```

```
            //进行登录处理
            $this->checklogin();
        }else{
            //显示登录页面
            View::display('admin/login.html');
        }
    }
    private function checklogin(){
        $obj = M('auth');
        $data['code']=0;
        if ($obj->loginsubmit()) {
            $data['code']=1;
            $data['msg']='登录成功';
            $data['url']='admin.php?c=admin&m=add';
        }else{
            $data['msg']='账号或密码错误，请重新输入';
            $data['url']='admin.php?c=admin&m=login';
        }
        echo json_encode($data);
    }
}
?>
```

auth模型（文件位置为libs/Model/authModel.class.php）验证管理员的账号、密码是否正确，并记录会话数据，便于验证是否登录。代码如下。

```
<?php
    //验证管理员信息
    class authModel{
        private $auth = "";
        //利用构造函数获取会话信息
        public function __construct(){
            if(isset($_SESSION['auth']) && !empty($_SESSION['auth'])){
                $this->auth = $_SESSION['auth'];
            }
        }
        //登录信息验证
        public function loginsubmit(){
            if(empty($_POST['uVal'])    ||    empty($_POST['pVal'])){
```

```
                return false;
            }else{
                $usename = addslashes($_POST['uVal']);
                $password = addslashes($_POST['pVal']);
                $password = md5($password);
                $obj = M('manager');
                if($this->auth = $obj->login($usename,$password)){
                    $_SESSION['auth'] = $this->auth;
                    $_SESSION['uid'] = $this->auth['id'];
                    return true;
                }else{
                    return false;
                }
            }
        }
        public function getauth(){
            return $this->auth;
        }
    }
?>
```

2. 添加新闻

登录成功后跳转打开添加新闻页面，如图5-6所示。要添加新闻，首先在libs/Model目录下创建contentsModel.class.php模型，对应表contents。

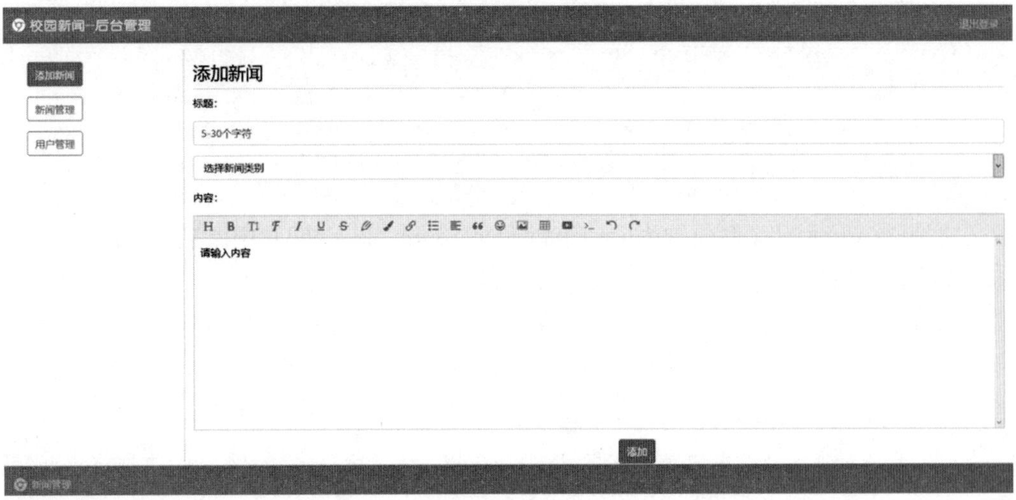

图5-6　添加新闻

模型代码如下。

```
<?php
    class contentsModel{
        private $_table = 'contents';
        //添加新闻
        public function newssubmit($data){
            extract($data);
            if(empty($title)||empty($content)){
                return 0;
            }
            //为特殊字符加上转义字符,返回一个字符串
            $title = addslashes($title);
            $content = addslashes($content);
            $addtime = date("Y-m-d H:i:s");
            $data = array(
                    'title' => $title,
                    'content' => $content,
                    'cid' => $n_type,
                    'addtime'=>$addtime,
                    'uid'=>$_SESSION['uid']
                );
            if(!empty($_SESSION['imgpath'])){
                $data['imgpath']=$_SESSION['imgpath'];
            }
                DB::insert($this->_table,$data);
                return 1;
        }
    }
?>
```

在控制器Admin（文件位置为libs/Controller/Admin.class.php）中添加add()方法。控制器代码如下。

```
<?php
    class Admin{
        public $auth = "";
        //构造方法判断当前是否登录,如果不是登录页面,也不是已登录,则跳转到登录
页面
        public function __construct(){
```

```
        $authobj = M('auth');
        $this->auth = $authobj->getauth();
        if((Web::$method!='login') && empty($this->auth)){
            $this->showmessage('请登录，再操作','admin.php?c=
admin&m=login');
        }
    }
    //登录验证
    public function login(){
        if($_POST){
            //进行登录处理
            $this->checklogin();
        }else{
            //显示登录页面
            View::display('admin/login.html');
        }
    }
    private function checklogin(){
        $obj = M('auth');
        $data['code']=0;
        if ($obj->loginsubmit()) {
            $data['code']=1;
            $data['msg']='登录成功';
            $data['url']='admin.php?c=admin&m=add';
        }else{
            $data['msg']='账号或密码错误，请重新输入';
            $data['url']='admin.php?c=admin&m=login';
        }
        echo json_encode($data);
    }
    //添加新闻显示
    public function add(){
            $type_data['0']='选择新闻类别';
            $tdata= M('category')->findAll();
            //重设数据
            foreach($tdata as $val){
                $type_data[$val['id']]=$val['cname'];
            }
```

```
                View::assign(array('pagetitle' => '添加','current'=
>array('btn-info','btn-outline-info','btn-outline-info')));
                $data = array('id'=>'','title'=>'','content'=>'<p>内容
输入区！</p>');
            View::assign(array('data'=>$data,'type_data'=>$type_data));
            View::display('admin/addnews.html');
        }
    }
?>
```

页面要获取新闻类别，还需要实现新闻类别模型。在libs/Model目录下创建categoryModel.class.php，对应表category。代码如下。

```
<?php
    class categoryModel{
        public $_table = 'category';
        //添加并编辑
        function categorysubmit($data){
        }
        //获取所有新闻类别
        function findAll(){
            $sql = "select * from ".$this->_table;
            return DB::findAll($sql);
        }
    }
?>
```

在项目template/admin目录下新建模板addnews.html，视图代码如下。

```
{include file='admin/inc/header.html'}
<div id="con-right" class="col-lg-10 col-md-10">
    <div id="head-titie">
        <h3>{$pagetitle}新闻</h3>
    </div>
    <form action="" method="post">
        <div class="form-group">
            <p>标题：</p>
            <input id="id" type="hidden" name="id" value="{$data.id}" />
            <input id="title" class="form-control" type="text" name=
"title" placeholder="5-30个字符" value="{$data.title}" />
        </div>
```

```
        <div class="form-group">
            <select id="n_type" name="n_type" class="form-control" >
                {html_options options=$type_data selected=$data.cid}
            </select>
        </div>
        <div class="form-group">
            <p>内容：</p>
            <div id="editor">
                {$data.content}
                </div>
        </div>
        <div class="row">
            <div class="col-lg-6 col-md-6 col-sm-6 form-group">
            </div>
            <div class="col-lg-6 col-md-6 col-sm-6 form-group">
                <input type="button" value="{$pagetitle}" id="sub-btn"
class="btn btn-success" />
            </div>
        </div>
    </form>
</div>
{include file='admin/inc/footer.html'}
```

header.html代码如下。

```
<!DOCTYPE html>
<html>
  <head>
      <meta name="viewport" content="width=device-width,initial-
scale=1.0,maximum-scale=1.0,user-scalable=no" charset="utf-8" />
      <title>校园新闻--后台管理</title>
      <link rel="stylesheet" type="text/css" href="../../static/
css/bootstrap.min.css" />
      <link rel="stylesheet" href="../../static/css/font-awesome.css" />
      <link rel="stylesheet" type="text/css" href="../../static/css/main.css" />
      <script type="text/javascript" src="../../static/js/jquery-
3.3.1.min.js"></script>
      <script type="text/javascript" src="../../static/js/bootstrap.
min.js"></script>
```

```
        <script type="text/javascript" src="../../static/js/JEditor.
min.js"></script>
        <script type="text/javascript" src="../../static/js/fun.js"
charset="utf-8"></script>
    </head>
    <body>
        <div class="body">
            <!--导航栏-->
            <nav class="navbar navbar-expand-md bg-dark navbar-dark">
                <i class="fa fa-chrome fa-spin fa-lg fa-inverse"></i>  
                <a class="navbar-brand" href="newslist.php">校园新闻--后
台管理</a>
                <button class="navbar-toggler" type="button" data-toggle=
"collapse" data-target="#collapsibleNavbar">
                    <span class="navbar-toggler-icon"></span>
                </button>
                <div class="collapse navbar-collapse justify-content-end"
id="collapsibleNavbar">
                    <ul class="navbar-nav">
                        <li class="nav-item">
                            <a class="nav-link" href="admin.php?c=admin&m=
logout">退出登录</a>
                        </li>
                    </ul>
                </div>
            </nav>
            <div class="container">
                <div class="row">
                    <div class="col-lg-2 col-md-2" >
                        <p><a href="admin.php?c=admin&m=add" class="btn
{$current[0]}">添加新闻</a></p>
                        <p><a href="admin.php?c=admin&m=newslist" class=
"btn {$current[1]}">新闻管理</a></p>
                        <p><a href="admin.php?c=admin&m=userlist" class=
"btn {$current[2]}">用户管理</a></p>
                    </div>
```

在addnews.html页面代码的开始部分是`{include file='admin/inc/header.html'}`这样一段代码，此代码表示前端页面引用一个公用的header.html页面。在制作前台、后台Web项目时都知道头部或者尾部基本相似，在开发中可以将头、尾的相似部分提取出来作为公用页面，然后在具体页面中引用公用页面。此代码就是在引用公用页面，只要是模板页面需要导入头部页面就使用此代码。

新闻内容相对来说是很多的，在此采用编辑器（在线Word）的方式来填写内容。本项目编辑器采用JEditor插件，将编辑器JEditor.min.js插件放在static/js目录下，页面中引入即可。编辑器涉及到图片的上传处理，将编辑器创建、图片上传、新闻添加通过ajax来提交。js代码如下。

```
$(function() {
  $("#news").html('');
  $("#users").html('');
  //创建编辑器
  var E = window.wangEditor;
  var editor = new E('#editor');
  //文件上传处理
  editor.customConfig.uploadImgServer = 'admin.php?c=admin&m=upload';
  editor.customConfig.uploadImgMaxSize = 5 * 1024 * 1024;
  editor.customConfig.uploadImgMaxLength = 5;
  editor.customConfig.uploadFileName = 'file';
  editor.customConfig.uploadImgHeaders = {
     'Accept': 'multipart/form-data'
  };
  editor.customConfig.uploadImgHooks = {
     error: function(xhr, editor) {
     },
     fail: function(xhr, editor, result) {
     },
     success: function(xhr, editor, result) {
     },
     customInsert: function(insertImg, result, editor) {
        insertImg(result.data);
     }
  };
  editor.create();
  $('#sub-btn').on('click', function() {
     var form = new FormData();
     form.append('id', $('#id').val());
     form.append('title', $('#title').val());
     form.append('content', editor.txt.html());
```

```
        form.append('n_type', $('#n_type').val());
        //console.log(form);
        if(confirm("确定发表? ")) {
            $.ajax({
                url: 'admin.php?c=admin&m=newsadd',
                type: 'POST',
                data: form, //上传form封装的数据
                dataType: 'JSON',
                cache: false, //不缓存
                processData: false, //jQuery不要去处理发送的数据
                contentType: false, //jQuery不要去设置Content-Type请求头
                success: function(data) {
                    //成功回调
                    if(data.msg==0){
                        alert('操作失败');
                        console.log('操作失败');
                    }else{
                        location.href=data.url;
                    }
                },
                error: function() {
                    console.log("操作出错! ");
                }
            });
        }
    });
});
```

在控制器Admin（文件位置为libs/Controller/Admin.class.php）内添加upload( )方法以实现文件上传的后台处理功能，添加新闻提交保存newsadd( )方法，以及添加退出登录logout()方法。代码如下。

```
<?php
    class Admin{
        public $auth = "";
        //构造方法判断当前是否登录,如果不是登录页,也不是已登录,跳转到登录页
        public function __construct(){
            $authobj = M('auth');
            $this->auth = $authobj->getauth();
            if((Web::$method!='login') && empty($this->auth)){
```

```
            $this->showmessage('请登录，再操作','admin.php?c=
admin&m=login');
        }
    }
    //登录验证
    public function login(){
        if($_POST){
            //进行登录处理
            $this->checklogin();
        }else{
            //显示登录页面
            View::display('admin/login.html');
        }
    }
    private function checklogin(){
        $obj = M('auth');
        $data['code']=0;
        if ($obj->loginsubmit()) {
            $data['code']=1;
            $data['msg']='登录成功';
            $data['url']='admin.php?c=admin&m=add';
        }else{
            $data['msg']='账号或密码错误，请重新输入';
            $data['url']='admin.php?c=admin&m=login';
        }
        echo json_encode($data);
    }
    //添加新闻显示
    public function add(){
            $type_data['0']='选择新闻类别';
            $tdata= M('category')->findAll();
            //重设数据
            foreach($tdata as $val){
            $type_data[$val['id']]=$val['cname'];
            }
            View::assign(array('pagetitle' => '添加','current'=>
array('btn-info','btn-outline-info','btn-outline-info')));
```

```
                $data = array('id'=>'','title'=>'','content'=>'<p>
内容输入区！</p>');
   View::assign(array('data'=>$data,'type_data'=>$type_data));
            View::display('admin/addnews.html');
         }
      }
         //添加新闻
         public function newsadd(){
            $this->addsubmit();
         }
         //提交新闻处理方法拆分出来
         private function addsubmit(){
            $result = M('contents')->newssubmit($_POST);
            if($result==0){
               $data['msg']=0;
            }
            if($result==1){
               $data['msg']=1;
               $data['url']='admin.php?c=admin&m=newslist';
            }
            if($result==2){
               $data['msg']=2;
               $data['url']='admin.php?c=admin&m=newslist';
            }
            echo json_encode($data);
         }
   //文件上传
   public function upload(){
            $path='upload';
            //localResizeIMG压缩后的图片都是jpeg格式
            $savename = date('YmdHis', time()) . mt_rand(0, 9999) . '.jpeg';
            $imgdirs = $path.'/'. date('Y-m-d', time()) . '/';
            if($this->mkdirs($imgdirs)){
               $fileName = $_FILES["file"]["name"];
               $savepath = $imgdirs. $savename;
               $data['data'] = $savepath;
               @move_uploaded_file($_FILES["file"]["tmp_name"], $savepath);
               //print_r(json_encode($data));
```

```
            $_SESSION['imgpath'] = $savepath;
            setcookie("imgpath", $savepath, time() + 12 * 60 * 60);
        }
    }

    //创建文件夹
    private function mkdirs($dir, $mode = 0777) {
        if (is_dir($dir) || @mkdir($dir, $mode))
            return TRUE;
        if (!mkdirs(dirname($dir), $mode))
            return FALSE;
        return @mkdir($dir, $mode);
    }
    //退出登录
    public function logout(){
        $authobj = M('auth');
        $authobj->logout();
        $this->showmessage('退出成功','admin.php?c=admin&m=login');
    }
?>
```

3. 新闻管理

执行添加新闻代码成功，会跳转到新闻管理`admin.php?c=admin&m=newslist`这个地址，主要是便于管理新闻。管理页面如图5-7所示。

校园新闻--后台管理

添加新闻
新闻管理
用户管理

新闻管理

输入标题 查询

ID	封面	标题	类别	作者	发布日期	操作
13		新华	null	u001	2019-06-29 12:57:44	修改 | 删除
12		新华微信	null	u001	2019-06-29 12:55:30	修改 | 删除
11		新华	null	u001	2019-06-29 12:11:07	修改 | 删除
10		新华	null	u001	2019-06-29 12:09:46	修改 | 删除
9		新华	null	u001	2019-06-29 12:09:34	修改 | 删除
8		新华	null	null	2019-06-29 12:07:32	修改 | 删除

图5-7　新闻管理页面

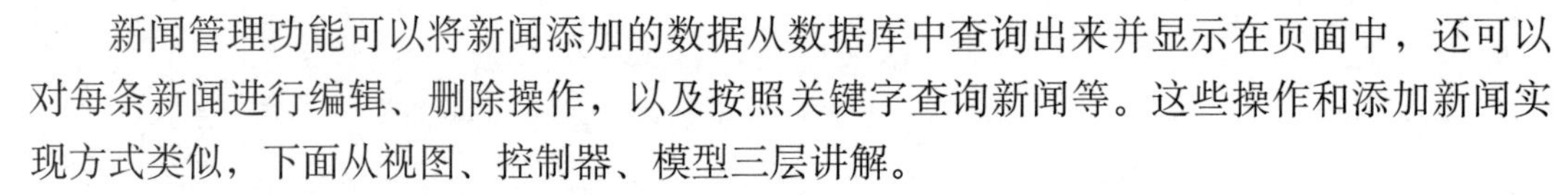

新闻管理功能可以将新闻添加的数据从数据库中查询出来并显示在页面中，还可以对每条新闻进行编辑、删除操作，以及按照关键字查询新闻等。这些操作和添加新闻实现方式类似，下面从视图、控制器、模型三层讲解。

1）视图

在template/admin目录下创建newslist.html文件，代码如下。

```
{include file='admin/inc/header.html'}
<div class="col-lg-10 col-md-10 col-sm-10 list" >
    <div class="row">
        <h3 class="col-lg-6 col-md-6 col-sm-6">新闻管理</h3>
        <div class="input-group col-lg-6 col-md-6 col-sm-6" id="search-div">
            <input type="text" id="s-input" class="form-control" 
placeholder="输入标题" />
            <input type="button" class="btn btn-info" id="s-btn" value="查询" />
        </div>
    </div>
    <div class="table-responsive">
        <table class="table table-hover">
            <thead>
                <tr>
                    <th>ID</th>
                    <th>封面</th>
                    <th>标题</th>
                    <th>类别</th>
                    <th>作者</th>
                    <th>发布日期</th>
                    <th>操作</th>
                </tr>
            </thead>
            <tbody id="news"></tbody>
        </table>
    </div>
</div>
</div>
</div>
{include file='admin/inc/footer.html'}
```

新闻列表数据依然利用ajax请求来获取（文件位置为static/js/fun.js）。在fun.js文件中添加如下代码。

```
    //清空数据
    $("#news").html('');
  //加载信息列表
    var constr="";
    $.ajax({
       type: "post",
       url: "admin.php?c=admin&m=getnews",
       data:{act:'all'},
       async: true,
       success: function(data) {
          var arr = JSON.parse(data);
          getdata(arr);
          $("#news").append(constr);
       },
       error: function() {
          console.log("error!");
       }
    });
     //新闻管理
     $('#s-btn').on('click', function() {
      var search = $.trim($('#s-input').val());
      var constr="";
      if(search == "") {
         alert("请输入查询关键字! ");
      } else {
         //location.reload();
         $("#news").html('');
         $.ajax({
            type: "post",
            url: "admin.php?c=admin&m=getnews",
            data:{act:'sel',str:search},
            async: true,
            success: function(data) {
               var arr = JSON.parse(data);
```

```
                if(arr.length>0){
                    getdata(arr);
                }else{
                    constr = '<tr><td>暂无数据</td></tr>';
                }
                $("#news").append(constr);
            },
            error: function() {
                console.log("error!");
            }
        });
    }
});
//组装数据
function getdata(arr){
        for(var i = 0; i < arr.length; i++) {
            if(arr[i].title.length > 10) {
                title = arr[i].title.substr(0, 10) + "...";
            } else {
                title = arr[i].title;
            }
            constr += '<tr><td>' + arr[i].id + '</td>' +
                    '<td><div class="img-div"><img class="cover-img"
src="' + arr[i].imgpath + '"/></div></td>' +
                '<td>' + title + '</td>' +
                '<td>' + arr[i].cname + '</td>' +
                '<td>' + arr[i].name + '</td>' +
                '<td>' + arr[i].addtime + '</td>' +
                '<td><span id="' + arr[i].id + '" class="edit-btn
btn btn-danger btn-sm">修改</span> | <span id="' + arr[i].id + '" class="del-
btn btn btn-danger btn-sm">删除</span></td></tr>';
            }
}
//修改
$('body').on('click', '.edit-btn', function() {
    var id = $(this).attr('id');
    location.href='admin.php?c=admin&m=add&id='+id;
```

```
});
//删除
$('body').on('click', '.del-btn', function() {
    var id = $(this).attr('id');
    if(confirm("是否删除该条数据？")) {
        $(this).parent().parent().remove();
        $.ajax({
            type: "post",
            url: "admin.php?c=admin&m=del",
            async: true,
            data: {
                'id': id
            },
            success: function(data) {
                alert(data.msg);
            },
            error: function() {
                alert("操作失败！");
                location.reload();
            }
        });
    }
});
```

2）控制器

本操作依然是后台管理的一部分，在此对控制器（文件位置为libs/Controller/Admin.class.php）添加newslist()、getnews()、del()方法。代码如下。

```
<?php
    class Admin{
        public $auth = "";
        //构造方法判断当前是否登录,如果不是登录页面,也不是已登录,跳转到登录页面
        public function __construct(){
            $authobj = M('auth');
            $this->auth = $authobj->getauth();
            if((Web::$method!='login') && empty($this->auth)){
```

```
            $this->showmessage('请登录，再操作','admin.php?c=admin&m=
login');
        }
    }
    //登录验证
    public function login(){
        if($_POST){
            //进行登录处理
            $this->checklogin();
        }else{
            //显示登录页面
            View::display('admin/login.html');
        }
    }
    private function checklogin(){
        $obj = M('auth');
        $data['code']=0;
        if ($obj->loginsubmit()) {
            $data['code']=1;
            $data['msg']='登录成功';
            $data['url']='admin.php?c=admin&m=add';
        }else{
            $data['msg']='账号或密码错误，请重新输入';
            $data['url']='admin.php?c=admin&m=login';
        }
        echo json_encode($data);
    }
    //添加新闻显示
    public function add(){
            $type_data['0']='选择新闻类别';
            $tdata= M('category')->findAll();
            //重设数据
            foreach($tdata as $val){
                $type_data[$val['id']]=$val['cname'];
            }
            //读取信息,若有$_POST['id'],说明是修改新闻,取出信息
            if(isset($_GET['id'])){
```

```
                View::assign(array('pagetitle' => '编辑','current'=>
array('btn-outline-info','btn-info','btn-outline-info')));
                $data = M('contents')->getnewsinfo($_GET['id']);
            }else{
                View::assign(array('pagetitle' => '添加','current'=>
array('btn-info','btn-outline-info','btn-outline-info')));
                $data = array('id'=>'','title'=>'','content'=>'<p>
内容输入区! </p>');
            }
        View::assign(array('data'=>$data,'type_data'=>$type_data));
        View::display('admin/addnews.html');
    }
    //添加新闻
    public function newsadd(){
        $this->addsubmit();
    }
    //提交新闻处理方法
    private function addsubmit(){
        $result = M('contents')->newssubmit($_POST);
        if($result==0){
            $data['msg']=0;
        }
        if($result==1){
            $data['msg']=1;
            $data['url']='admin.php?c=admin&m=newslist';
        }
        if($result==2){
            $data['msg']=2;
            $data['url']='admin.php?c=admin&m=newslist';
        }
        echo json_encode($data);
    }
    public function upload(){
        $path='upload';
        //localResizeIMG压缩后的图片都是jpeg格式
        $savename = date('YmdHis', time()) . mt_rand(0, 9999) . '.jpeg';
        $imgdirs = $path.'/'. date('Y-m-d', time()) . '/';
```

```
            if($this->mkdirs($imgdirs)){
                $fileName = $_FILES["file"]["name"];
                $savepath = $imgdirs. $savename;
                $data['data'] = $savepath;
                @move_uploaded_file($_FILES["file"]["tmp_name"], $savepath);
                print_r(json_encode($data));
                $_SESSION['imgpath'] = $savepath;
                setcookie("imgpath", $savepath, time() + 12 * 60 * 60);
            }
        }
        //创建文件夹
        private function mkdirs($dir, $mode = 0777) {
            if (is_dir($dir) || @mkdir($dir, $mode))
                return TRUE;
            if (!mkdirs(dirname($dir), $mode))
                return FALSE;
            return @mkdir($dir, $mode);
        }
        //新闻列表
        public function newslist(){
            View::assign(array('pagetitle' => '添加','current'=>
array('btn-outline-info','btn-info','btn-outline-info')));
            View::display('admin/newslist.html');
        }
        //获取新闻
        function getnews(){
            $act = @$_POST['act'] ? $_POST['act'] : '';
            switch($act){
              case 'all':
                $result =M('contents')->get_news();
              break;
              case 'sel':
                $str=@$_POST['str'] ? $_POST['str'] : '';
            $result =(strlen($str)>0 ? M('contents')->get_news_find($str) :
M('contents')->get_news());
              break;
            }
```

```
            //重设数据
            foreach($result as $key=>$val){
                $result[$key]['cname']=M('category')->getnamebyid
($val['cid']);
                $result[$key]['name']=M('users')->getnamebyid
($val['uid']);
            }
            echo json_encode($result, JSON_UNESCAPED_UNICODE);
        }
        //删除新闻
        public function del(){
                if(isset($_POST['id'])){
                $result=M('contents')->del($_POST['id']);
                $result['msg']=($result==1 ? '删除成功':'删除不成功');
            }
            echo json_encode($result, JSON_UNESCAPED_UNICODE);
        }

        //退出登录
        public function logout(){
            $authobj = M('auth');
            $authobj->logout();
            $this->showmessage('退出成功','admin.php?c=admin&m=login');
        }
        //用来弹出信息并跳转的函数
        private function showmessage($info,$url){
            echo "<script>alert('$info');window.location.href='$url'</
script>";
            exit;
        }
    }
  ?>
```

添加成员方法的说明如下。

- newslist()：主要用于把newslist.html视图渲染显示出来。
- getnews()：主要根据前端页面请求查询，参数值all查询所有新闻数据，参数值sel是要根据关键字查询新闻数据。
- del()：主要用于删除新闻。

3）模型

新闻模型（文件位置：libs/Model/contentsModel.class.php）在添加新闻时就已经创建，不需再新建，只需在模型中添加控制器要使用的get_news( )、get_news_find( )、del()、getnewsinfo()方法。添加后完整代码如下。

```
<?php
    class contentsModel{
            private $_table = 'contents';
            //按新闻发布时间倒序查询新闻
            public function findlimit_orderby_dateline($num){
                $sql = "select * from ".$this->_table." order by addtime
desc limit 0,".$num;
                return DB::findAll($sql);
            }
            //获取总记录数
            public function count(){
                $sql = 'select count(*) from '.$this->_table;
                return DB::findResult($sql);
            }
            //根据新闻编号获取新闻
            public function getnewsinfo($id){
                if(empty($id)){
                     return array();
                }else{
                     $id = intval($id);
                     $sql = 'select * from '.$this->_table.' where id = '.$id;
                     return DB::findOne($sql);
                }
            }
            //按新闻发布时间倒序查询新闻
            public function findAll_orderby_dateline(){
                $sql = 'select * from '.$this->_table.' order by
addtime desc';
                return DB::findAll($sql);
            }
```

```
//新闻添加和编辑
public function newssubmit($data){
    extract($data);
    if(empty($title)||empty($content)){
        return 0;
    }
    //对特殊字符加上转义字符,返回一个字符串
    $title = addslashes($title);
    $content = addslashes($content);
    $addtime = date("Y-m-d H:i:s");
    $data = array(
             'title' => $title,
             'content' => $content,
             'cid' => $n_type,
             'addtime'=>$addtime,
             'uid'=>$_SESSION['uid']
        );
    if(!empty($_SESSION['imgpath'])){
        $data['imgpath']=$_SESSION['imgpath'];
    }
    if($id!=''){
        DB::update($this->_table,$data,'id='.$id);
        return 2;
    }else{
        DB::insert($this->_table,$data);
        return 1;
    }
}
//删除新闻
public function del($id){
    $id = intval($id);
    return DB::del($this->_table,'id='.$id);
}
```

```
            //获取所有新闻并将新闻内容处理
            public function get_news_list(){
                $data = $this->findAll_orderby_dateline();
                foreach ($data as $key => $news) {
                    $data[$key]['content'] = mb_substr(strip_tags
($data[$key]['content']),0,200);
                }
                return $data;
            }
            //获取所有新闻
            public function get_news(){
                $data = $this->findAll_orderby_dateline();
                return $data;
            }
            //根据条件查询新闻
            public function get_news_find($str){
                $sql = "select * from ".$this->_table." where title
like '%".$str."%' order by addtime desc";
                return DB::findAll($sql);
            }
       }
   ?>
```

代码中的方法说明如下。

- get_news()：取出数据库新闻表中的所有有效数据。
- get_news_find()：根据关键字查询新闻。
- getnewsinfo()：根据新闻编号获取新闻完整信息内容。
- del()：根据新闻编号删除新闻。
- newssubmit( )：在添加新闻时已经添加。这里在调用add方法时，会判断是否有ID值存在，若存在即执行编辑操作，否则执行添加操作。编辑界面如图5-8所示。

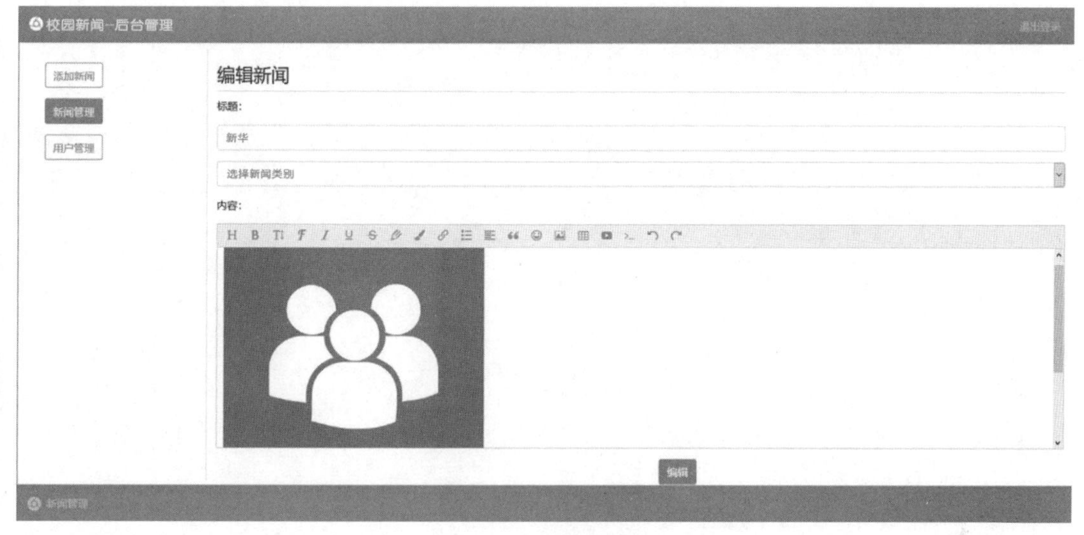

图5-8　新闻编辑页面

从上述代码可以看出，编写操作数据库的增、删、查、改功能相关的代码都集中在模型层来进行。此外，该用什么模板输出数据都由控制器处理并调度。读者可以自行去完善目前这个项目，以及项目的前台部分。